高等职业教育铁道运输类新形态一体化系列教材

通信线路工程

刘　洋　许爱雪◎主　编
李筱楠　韩朵朵◎副主编
李　磊◎主　审

中国铁道出版社有限公司

2024年·北　京

内容简介

本书为高等职业教育铁道运输类新形态一体化系列教材之一。全书注重理论联系实际，强化教学和训练过程的实用性和可操作性，重点突出职业岗位对从业人员知识结构和职业能力的要求。全书共分三个模块，包括7个项目，分别是认识通信网、初识通信线路工程、架空工程施工、管道工程施工、直埋工程施工、通信电缆线路维护和通信光缆线路维护。

本书为职业院校铁道通信与信息化技术专业教材，也可作为通信领域成人继续教育或现场工程技术人员的培训教材或参考资料。

图书在版编目(CIP)数据

通信线路工程/刘洋，许爱雪主编. —北京：中国铁道出版社有限公司，2024.3
高等职业教育铁道运输类新形态一体化系列教材
ISBN 978-7-113-30827-8

Ⅰ.①通… Ⅱ.①刘… ②许… Ⅲ.①通信线路-高等职业教育-教材 Ⅳ.①TN913.3

中国国家版本馆CIP数据核字(2023)第257626号

书　　名：**通信线路工程**
作　　者：刘　洋　许爱雪

策　　划：陈美玲
责任编辑：吕继函　　**编辑部电话**：(010)51873205　　**电子邮箱**：312705696@qq.com
编辑助理：石华琨
封面设计：刘　莎
责任校对：苗　丹
责任印制：高春晓

出版发行：中国铁道出版社有限公司(100054，北京市西城区右安门西街8号)
网　　址：http://www.tdpress.com
印　　刷：三河市燕山印刷有限公司
版　　次：2024年3月第1版　2024年3月第1次印刷
开　　本：787 mm×1 092 mm 1/16　**印张**：11.25　**字数**：281千
书　　号：ISBN 978-7-113-30827-8
定　　价：40.00元

前 言

通信线路工程是高等职业教育铁道通信与信息化技术、通信技术、现代通信技术等交通运输和电子信息类专业的重要专业技术课程。本书以最新技术标准、规范为依据，遵循职业教育国家教学标准，以岗位的工作目标和任务要求为切入点，结合企业对技能型人才的培养需求，紧紧围绕通信线路工程施工与维护相关职业岗位的技能要求进行编写。在编写过程中，作者注重理论联系实际，强化教学和训练过程的实用性和可操作性，重点突出职业岗位对从业人员知识结构和职业能力的要求，充分体现高等职业教育的特点。

本书是校企合作、工学结合的项目化教材，在理论与实践一体化教学及精品在线课程建设的基础上，配套了相关信息化资源，适应模块化、项目式教学的要求。本书共有三个模块7个项目20个任务，可根据职业岗位方向、教学训练、岗前培训等实际需求进行模块化、项目式组合。

本书由石家庄铁路职业技术学院刘洋和许爱雪任主编，石家庄铁路职业技术学院李筱楠和韩朵朵任副主编，中国电信集团有限公司石家庄分公司李磊担任主审。本书具体编写分工如下：石家庄铁路职业技术学院许爱雪、张庆彬、李筱楠、韩朵朵、高洁负责模块一的编写，石家庄铁路职业技术学院刘洋、赵丽君、夏涛、郑华、温洪念、齐会娟、韩晓雷负责模块二的编写，河北工业职业技术大学刘超、石家庄铁路职业技术学院许爱雪、张晓宁、刘丽娜、耿曙光负责模块三的编写。

特别感谢在本书编写过程中提供大量帮助的企业单位同仁，以及中国联合网络通信集团有限公司石家庄市分公司刘婕、中国移动通信集团河北有限公司郑文华、中兴通讯股份有限公司石晓东。在本书编写过程中，参考了大量的文献和资料，在此谨向所有文献和资料的作者表示诚挚的谢意。

限于时间和编者的水平，书中难免有疏漏和不妥之处，恳请广大读者批评指正。

编　者

2023年11月

目 录

模块一　通信线路工程认知

模块二　通信线路工程施工

模块三 通信线路工程维护

通信线路工程认知

【情景】

小明是一名刚刚踏入大学校门的学生，2021 年 12 月 9 日在观看"天宫课堂"时，看到空间站的航天员老师通过视频通信与地球上课堂里面的同学们进行交流互动，场面很是震撼。他在感慨我国航天技术飞速发展的同时，也感受到了通信网络对我们国家、对我们的生活带来了巨大的变化，因此小明对通信业务、通信传输产生了浓厚的兴趣。那么什么是通信网？通信信息是如何传送的？巨大的通信网络又是如何建立起来的？让我们跟随小明一起遨游通信网的海洋，进入通信工程的神奇世界吧！

项目一 认识通信网

项目引入

随着经济水平与生活需求的不断提高，通信技术逐渐成为金融、信息、交流，甚至商业的基础工具。不断扩大的通信需求、不断提高的通信质量及不断拓宽的通信业务范围对通信网络提出了更为严格的要求。当庞大的金融业、商业、服务业都建设在通信系统基础上的时候，建设高质量的通信网络，确保规范、严谨、无差错的通信工程施工，就成为通信网络中必不可少的一环了。本项目包含认识现代通信网和认识电话网两个任务。

项目目标

知识目标

1. 掌握现代通信网构成、功能及分类。
2. 熟知现代通信网的拓扑结构。
3. 了解现代通信网未来的发展趋势。
4. 了解本地电话网的线路。

能力目标

1. 能够区分不同拓扑结构的现代通信网。
2. 能够搭建长途电话网的结构。
3. 能够搭建本地电话网的结构。

素养目标

1. 培养逻辑思维能力。
2. 培养勤于思考、勇于创新、不怕苦不怕累的科学钻研精神。

项目导图

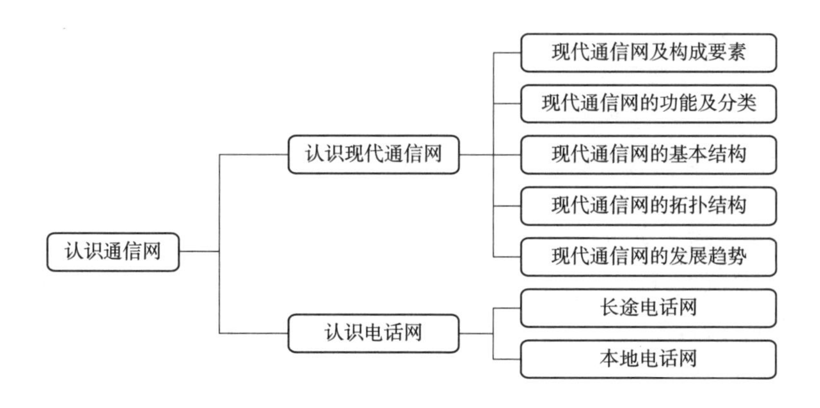

任务一　认识现代通信网

通信网是构成多个用户之间相互通信的多个通信系统互连的通信体系，是人类实现远距离通信的重要基础设施，它利用电缆、无线、光纤等系统，传送标识、文字、图像、声音和其他信号等信息。

【任务单】

任　务　单			
任务名称	认识现代通信网		
任务类型	讲授课	实施方式	老师讲解、分组讨论、案例学习
面向专业	通信相关专业	建议学时	1学时
任务实施重难点	重点：现代通信网的构成。 难点：通信网的网络结构模型及其功能		
任务目标	1. 掌握现代通信网构成。 2. 掌握现代通信网的功能及分类。 3. 熟知现代通信网的拓扑结构。 4. 了解现代通信网未来的发展趋势		

【任务学习】

知识点一　现代通信网及构成要素

1. 通信网的概念

通信网是由一定数量的节点(包括终端节点、交换节点)和连接这些节点的传输系统有机地组织在一起，按约定的信令或协议完成任意用户间信息交换的通信体系。用户使用它可以克服空间、时间等障碍来进行有效的信息交换。

通信网上任意两个用户间、设备间或一个用户与一个设备间均可进行信息的交换。交换的信息包括用户信息(如语音、数据、图像等)、控制信息(如信令信息、路由信息等)和网络管理信息三类。

2. 通信网构成要素

(1)电信系统组成模型

不管是简单或是复杂的通信系统,要实现将信息从一点传递到另外一点的功能,需要具备一些共性的设备,可以抽象和概括为统一的通信系统模型,如图 1-1-1 所示。

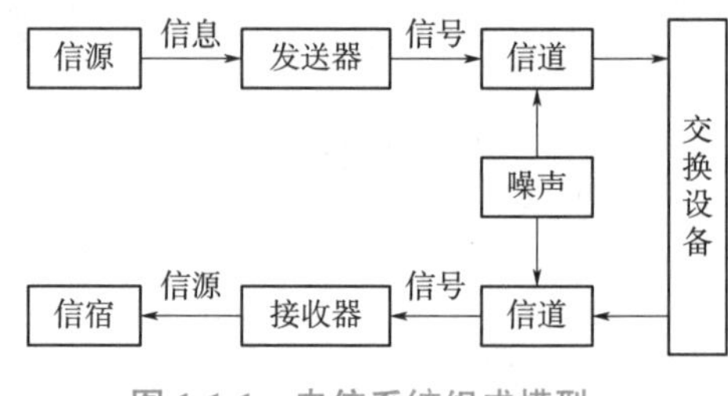

图 1-1-1 电信系统组成模型

信源是产生信息的人或机器,如声音(话筒)、符号源(计算机)、多媒体源(摄像机)等。

发送器是完成变换,使信号源的输出信号变成便于传输的信号(电或光信号)的设备,如编码器、调制器、放大器等。

信道是传送信号的媒介,如电缆、光纤、空间等。

接收器是完成接收信号的反变换,如译码器、解调器、放大器等。

信宿为接收信息的人或机器,如听筒、显示屏、电视、录像机、打印机等,其功能是将信号恢复为原始信息。

交换设备在用户群内相互通信的用户终端之间,按需提供传输信道构成临时通信连接,并控制信号流向及流量的集散,从而达到共用电信设施和提高设备利用率的目的。交换设备是电信网的核心,它的基本功能是完成接入交换节点链路的汇集、转接接续和分配。

噪声是除去信息以外所有能量的总称,它并不是一个人为实现的实体,但在实际通信系统中又是客观存在的,可以存在于发送器、信道、交换设备及接收器中。

(2)通信网构成

实际的通信网是由软件和硬件按特定方式构成的一个通信系统,每一次通信都需要软、硬件设施的协调配合来完成。从硬件构成上来看,通信网由终端节点、交换节点、业务节点和传输系统构成,它们完成通信网的基本功能,即接入、交换和传输。软件设施则包括信令、协议、控制、管理、计费等,它们主要完成通信网的控制、管理、运营和维护,实现通信网的智能化。

①终端节点

最常见的终端节点有电话机、传真机、计算机、视频终端、智能终端和用户小交换机等,其主要功能有:

a. 用户信息的处理:主要包括用户信息的发送和接收,将用户信息转换成适合传输系统传输的信号及相应的反变换。

b. 信令信息的处理:主要包括产生和识别连接建立、业务管理等所需的控制信息。

②交换节点

交换节点是通信网的核心设备,最常见的有电路交换机、分组交换机、路由器、转发器等。交换节点负责集中、转发终端节点产生的用户信息,但它自己并不产生和使用这些信息,其主要功能有:

a. 用户业务的集中和接入,通常由各类用户接口和中继接口组成。

b. 交换,通常由交换矩阵完成任意入线到出线的数据交换。

c. 信令，负责呼叫控制和连接的建立、监视、释放等。

d. 路由信息的更新和维护、计费、话务统计、维护管理等。

③业务节点

最常见的业务节点有智能网中的业务控制点(SCP)、智能外设、语音信箱系统及 Internet 上的各种信息服务器等。它们通常由连接到通信网络边缘的计算机系统、数据库系统组成，其主要功能是：

a. 实现独立于交换节点业务的执行和控制。

b. 实现对交换节点呼叫建立的控制。

c. 为用户提供智能化、个性化、有差异的服务。

④传输系统

传输系统为信息的传输提供传输信道，并将网络节点连接在一起，其硬件组成包括：线路接口设备、传输媒介、交叉连接设备等。

传输系统设计的主要目标就是提高物理线路的使用效率，因此通常都采用了多路复用技术，如频分复用、时分复用、波分复用等。

知识点二　现代通信网的功能及分类

1. 现代通信网的功能

日常工作和生活中，我们经常使用各种类型的通信网，例如电话网、办公室局域网、互联网等，虽然这些网络在传送信息的类型、传送的方式、所提供服务的种类等方面不尽相同，但它们在网络结构、基本功能和实现原理上是相似的，都实现了以下四个主要的功能。

(1)信息传送

信息传送是通信网的基本任务，主要由交换节点和传输系统完成。传送的信息分为三类，即用户信息、信令信息、管理信息。

(2)信息处理

网络中信息的处理方式对最终用户是不可见的，主要目的是增强通信的有效性、可靠性和安全性。信息最终的语义解释一般由终端应用来完成。

(3)信令机制

信令机制是通信网上任意两个通信实体之间为实现某一通信任务，进行控制信息交换的机制，如电话网上的 No. 7 信令、互联网上的各种路由信息协议和传输控制协议(TCP)等。

(4)网络管理

网络管理主要负责网络的运营管理、维护管理和资源管理，保证网络在正常和故障情况下的服务质量，是整个通信网中最具智能的部分。

2. 通信网的分类

通信网按不同的分类体系可以按以下方式划分：

按网络的使用种类可分为行业专用网、商业公众网。

按通信业务的种类可分为电话网、电报网、用户电报网、数据通信网、传真通信网、图像通信网、有线电视网等。

按服务区域范围可分为本地电信网、农村电信网、长途电信网、移动通信网、国际电信网等。

按传输媒介种类可分为架空明线网、电缆通信网、光缆通信网、卫星通信网、用户光纤网、低轨道卫星移动通信网等。

按交换方式可分为电路交换网、报文交换网、分组交换网、宽带交换网等。

按结构形式可分为网状网、星状网、环状网、总线网、复合型网等。

按信息信号形式可分为模拟通信网、数字通信网、数字模拟混合网等。

按信息传递方式可分为同步转移模式(STM)的综合业务数字网(ISDN)、异地转移模式(ATM)的宽带综合业务数字网(B-ISDN)等。

知识点三　现代通信网的基本结构

电信网一直面向公众提供服务,结合电信业务的特点,为了保证业务质量,人们引入网络的分层结构。现有的通信网络结构模型可以抽象成图 1-1-2 的形式。从网络分层的观点看,通信网络可分为传输层、路由交换层(承载层)和业务应用层;从地域上看,通信网络可分为骨干网、城域网、接入网和驻地网。

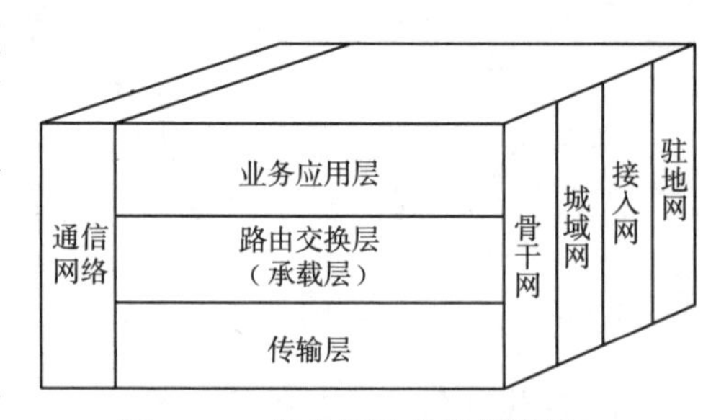

图 1-1-2　通信网络的结构模型

传输层是支持业务网的传送手段和基础设施,是由线路设施、传输设施等组成的为传送信息业务提供所需传送承载能力的通道。

路由交换层(承载层)负责实现各种信息的路由交换,如用户提供的电话、电报、图像、数据等信息均是通过交换网络实现信息的交换。具体的交换网络包括电话交换网、移动交换网、智能网、数据通信网等。

业务应用层表示各种信息应用,如远程教育、会议电视等。

支撑网支撑电信业务网络的正常运行,可以支持上述三个层面的工作,提供保证网络有效正常运行的各种控制和管理能力,包括信令网、同步网和电信管理网。

传统电信网络按照长途网、本地网、接入网来划分,目前逐步过渡到骨干网、城域网、接入网和驻地网。

知识点四　现代通信网的拓扑结构

以终端设备、交换设备为点,以传输设备为线,点、线相连就构成了一个通信网,即电信系统的硬件系统。

所谓拓扑,即网络的形状、网络节点和传输线路的几何排列,用来反映电信设备物理上的连接性,拓扑结构直接决定网络的效能、可靠性和经济性。电信网拓扑结构是描述通信设备间、通信设备与终端间邻接关系的连通图。网络的拓扑结构主要有网状网、星状网、复合型网、环状网、总线网等形式。

1. 网状网

多个节点或用户之间互联而成的通信网称为网状网,也叫直接互联网,如图 1-1-3(a)所示。具有 N 个节点的完全互联网需要有 $N(N-1)/2$ 条传输链路。网状网具有线路冗余度大、网络可靠性高、任意两点间可直接通信的优点,同时也具有线路利用率低、成本高、扩容不方便等不足。通常在节点数目少、可靠性要求高的场合使用。

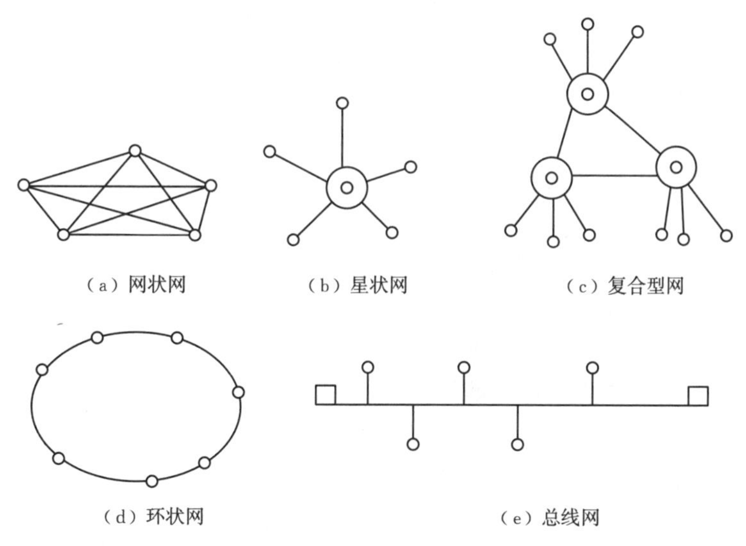

图 1-1-3　通信网络拓扑机构

2. 星状网

星状网拓扑结构是一种以中央节点为中心，把若干外围节点（或终端）连接起来的辐射式互联结构，如图 1-1-3(b)所示。与网状网相比，星状网降低了传输链路的成本，提高了线路的利用率，但其网络可靠性差，中心节点发生故障或转接不利，会使全网的通信都受到影响。本网适合在传输链路费用高于转接设备，可靠性要求又不高的场合下使用。

3. 复合型网

复合型网是由网状网和星状网复合而成的网络，如图 1-1-3(c)所示。本网兼有网状网和星状网的优点，整个网络结构比较经济且稳定性较好，在规模较大的局域网和电信骨干网中被广泛采用。

4. 环状网

如果通信网各节点被连接成闭合的环路，则这种通信网被称为环状网，如图 1-1-3(d)所示。*N* 个节点的环状网需要 *N* 条传输链路。环状网可以是单向环，也可以是双向环。本网具有结构简单、容易实现等优点，而且双向自愈环结构可以对网络进行自动保护，但是也具有节点数较多时转接时延无法控制、不好扩容等缺点，主要使用于计算机局域网、光纤接入网、城域网、光传输网等网络。

5. 总线网

总线网把所有的节点连接在同一总线上，是一种通路共享的结构，如图 1-1-3(e)所示。本网具有需要的传输链路少、节点间通信无须转接节点、控制方式简单、增减节点方便等优点，但是也具有网络服务性能和稳定性差、节点数目不宜过多、覆盖范围较小等缺点，主要应用于计算机局域网、电信接入网等网络。

知识点五　现代通信网的发展趋势

现代通信网的发展已经脱离了纯技术驱动的模式，正在走向技术与业务结合和互动的新模式。未来 10 年，从市场应用和业务需求的角度看，语音业务向数据业务的重大转变将深刻影响通信网的技术走向。一直以来，传统通信网的主要业务是语音业务，话务容量与网络容量高度一致，并且呈稳定低速增长。现在，通信网数据业务特别是IP数据业务呈爆炸式增长，业务容量每6～12个月翻一番，比CPU性能进展的摩尔定律（每18个月翻一番）还要快，网络的业务性质正在发生根本性变化。基于此，通信网的技术发展将呈现如下趋势。

1. 网络信道光纤化、容量宽带化

光纤具有带宽大、重量小、成本低和易维护等一系列优点。最初光纤应用于长途网，之后是中继网和接入网，现在光纤到路边、到小区、到大楼进入普及阶段，并转向光纤入户（FTTH），最终实现全光网络。

随着数据业务特别是IP业务量的飞速增长及出现的更多高清、实时的业务需求，加之光纤传输、计算机和高速数字信号处理器件等关键技术的进展相互作用，促使现代通信网的宽带化进程日益加速。

2. 网络传输分组化、IP化

随着互联网的大力普及，网络应用加速向IP网汇聚，传输分组化的趋势越来越明显，话音、视频等实时业务逐渐转移到了IP网上。传输网经过同步数字系列（SDH）、多业务传送平台（MSTP）、光传送网络（OTN）、分组传送网络（PTN）等发展阶段后，会继续秉承光传输系统的传统优势，逐步实现网络传输分组化、IP化的有序演进。

3. 接入宽带化、IP化、无线化

从业务发展趋势的角度看，云计算、互联网电视（IPTV）和4K视频业务不断推动超宽带入户，接入网的宽带化、IP化的趋势不断深化；随着移动通信系统的带宽和能力的增加，无线网络速度也飞速提升，无线接入的基础日趋稳固，将促进接入无线化的进一步发展。

4. 三网融合

三网融合是指电信网、广播电视网、互联网在向宽带通信网、数字电视网、下一代互联网演进过程中，三大网络通过技术改造，其技术功能趋于一致，业务范围趋于相同，网络互联互通、资源共享，能为用户提供语音、数据和互联网电视等多种服务。三网融合并不意味着三大网络的物理合一，而主要是指高层业务应用的融合。三网融合应用广泛，遍及智能交通、环境保护、公共安全、平安家居等多个领域。

随着三网融合政策的推进，给新的业务应用的发展开辟了新的空间。三网融合打破了此前内容输送、宽带运营领域各自的独立，明确了互相进入的准则。

5. 下一代网络

下一代网络（NGN）泛指一个以IP为中心，支持语音、数据和多媒体业务的融合或部分融合的全业务网络。国际电信联盟电信标准化部门（ITU-T）将NGN的主要特征归纳为：基于分组传送；控制功能与承载能力、呼叫/会晤、应用/服务分离；业务提供与网络分离，并有开放接口；支持广泛的业务，包括实时/流/非实时和多媒体业务；具有端到端透明传递的宽带能力；与现有传统网络互通；具有移动性，即允许用户作为单个人始终如一地使用和管理其业务而不管采用何种接入技术；提供用户自由选择业务提供商的功能等。

分组化的、分层的、开放的结构是下一代网络的显著特征。NGN不是现有通信网IP化的简单延伸，而是在继承现有网络优势后的平滑演进，这个过程中，NGN将不断吸收基于软件定义网络（SDN）、网络功能虚拟化（NFV）和云计算等的新技术，实现更灵活、智能、高效和开放的新型网络。

SDN技术实现了控制功能和转发功能的分离，通过软件的方式可以使得网络的控制功能很容易地进行抽离和聚合，有利于通过网络控制平台从全局视角来感知和调度网络资源，实现网络连接的可编程。因为做了软硬件解耦，所有SDN可以采用通用硬件来代替专有网络硬件板卡，结合云计算技术实现硬件资源按需分配和动态伸缩，以达到最优的资源利用率。

NFV技术通过组件化的网络功能模块实现控制功能的可重构，可以灵活地派生出丰富的网络功能；SDN是NFV的基础，SDN将网络功能模块化、组件化；网络功能可以按需编排，根据不同场景和业务特征要求，灵活组合功能模块，按需定制网络资源和业务逻辑，增强网络弹性和自适应性。网络切片是NFV最核心的内容，它利用虚拟化将网络物理基础设施资源虚拟化为多个相互独立平行的虚拟网络切片。一个网络切片可以视为一个实体化的网络，在每个网络切片内，可以进一步对虚拟网络切片进行灵活的分割，按需创建子网络。

【任务考核】

1. 通话是如何实现的？

2. 庞大的通信网络中，各种设备如何连接起来的？电话网和计算机网的结构形式一样吗？

3. 简述现代通信网的组成模型，并说明模型中各部件的功能。

【考核评价】

总结评价(学生完成)			
任务总结			
任务实施情况			
1. 任务是否按计划时间完成？ 2. 相关理论完成情况。 3. 任务完成情况。 4. 语言表达能力及沟通协作情况。 5. 参照通信工程项目作业程序、国家标准对整个任务实施过程、结果进行自评和互评			
学生自评(A/B/C)	组内互评(A/B/C)	小组评价(A/B/C)	总等级(A/B/C)
注：A优秀，B合格，C不合格			

考核评价表(教师完成)					
学号		**姓名**		**考核日期**	
任务名称	认识现代通信网			**总等级**	

续上表

任务考核项	考核等级	考核点	等级
素养评价	A/B/C	A:能够完整、清晰、准确地回答任务考核问题。 B:能够基本回答任务考核问题。 C:基础知识掌握差,任务理解不清楚,任务考核问题回答不完整	
知识评价	A/B/C	A:熟悉任务的实施步骤,独立完成任务,有能力辅助其他同学完成规定的工作任务,实施快速,准确率高。 B:基本掌握各个环节实施步骤,有问题能够主动请教其他同学,基本完成规定的工作任务,准确率较高。 C:未完成任务或只完成了部分任务,有问题没有积极向其他同学请教,工作实施拖拉、不积极,各个部分的准确率差	
能力评价	A/B/C	A:不迟到、不早退,对人有礼貌,善于帮助他人,积极主动完成规定工作任务,笔记完整整洁,回答老师提问完全正确。 B:不迟到、不早退,在教师督导和他人辅导下,能够完成规定工作任务,回答老师提问较准确。 C:未完成任务或只完成了部分任务,有问题没有积极向其他同学请教,工作实施拖拉、不积极,不能准确回答老师提出的问题	

任务二　认识电话网

电话网是传递电话信息的电信网,是可以进行交互型话音通信、开放电话业务的电信网。电话网包括本地电话网、长途电话网和国际电话网等多种类型,是业务量最大、服务面最广的电信网。

【任务单】

任　务　单			
任务名称	认识电话网		
任务类型	讲授课	实施方式	老师讲解、分组讨论、案例学习
面向专业	通信相关专业	建议学时	1学时
任务实施重难点	重点:长途网及本地网的两级结构。 难点:长途网及本地网的概念		
任务目标	1. 掌握长途电话网的两级结构。 2. 掌握本地电话网的基本结构。 3. 了解本地电话网的线路		

【任务学习】

知识点一　长途电话网

国内长途电话网是指用户进行长途通话的电话网。现阶段我国电话网的新体制明确了我国长途电话网的两级结构和本地电话网的两级结构。长途电话网的两级结构如图1-1-4所示。

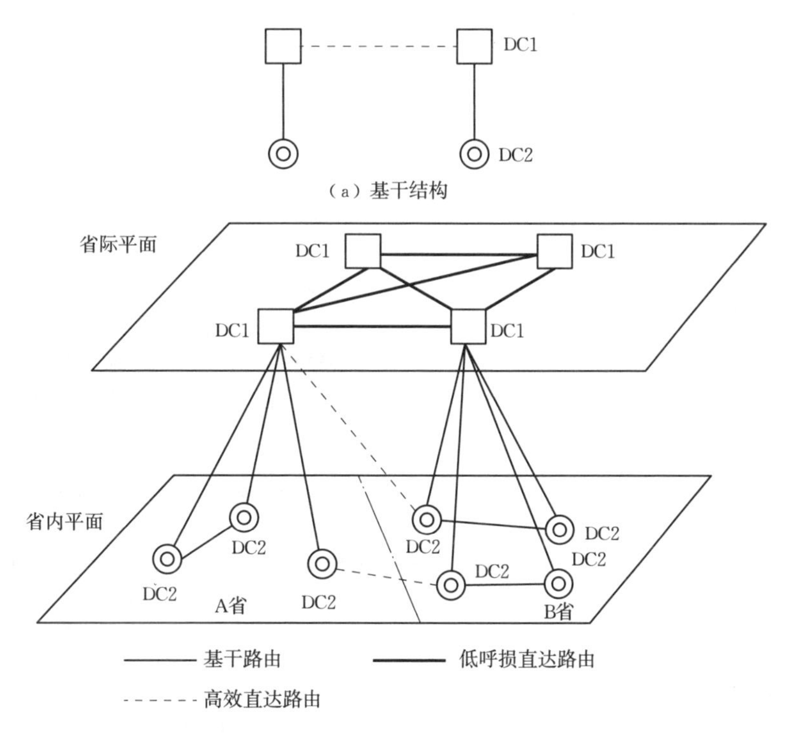

（b）实际结构

图 1-1-4　长途电话网的两级结构

DC1 为一级省际交换中心，设在省会、自治区首府和直辖市，其主要功能是汇接所在省（自治区、直辖市）的省际和省内的国际和国内长途来、去、转话话务和 DC1 所在本地网的长途终端话务。

DC2 为二级交换中心，也是长途网的终端长途交换中心，设在省各地（市）本地网的中心城市，其主要功能是汇接所在地区的国际、国内长途来、去话话务和省内各地（市）本地网之间的长途转话话务，以及 DC2 所在中心城市的终端长途话务。

一般来说，DC1 的各个交换机间采用网状网，设置低呼损路由；DC1 与其下属的 DC2 之间采用星状网，设置低呼损路由；同一汇接区的所有 DC2 之间，视话务关系的密切程度可设置低呼损或高效直达路由；不同汇接区的 DC1 与 DC2 之间，视话务关系的密切程度也可设置低呼损或高效直达路由。

知识点二　本地电话网

1. 本地电话网的基本结构

本地电话网是指在同一个长途编号区范围内，由端局、汇接局、局间中继线、长市中继线，以及用户线、电话机组成的电话网。

同一个本地网的用户之间呼叫时，只按照本地网的统一编号即本地电话号码拨号，呼叫本地网以外的用户时则需按长途程序拨号。

我国本地电话网为两级结构，如图 1-1-5 所示。图 1-1-5 中，DTm 为本地网中的汇接局，DL 为本地网中的端局，PABX 为专用自动用户交换局。

本地电话网中，DTm 是 DL 的上级局，是本地网中的第一级交换中心，DL 是本地网中的第二级交换中心，仅有本局交换功能和终端来、去话功能。

根据组网需要，DL 以下还可接远端用户模块、PABX、接入网用户接入装置（终端用户）。根据 DL 所接的话源性质和设置的地点不同，有市内 DL、县（市）及卫星城镇 DL 及农村乡镇 DL 之分，但其功能完全一样并统称为端局。

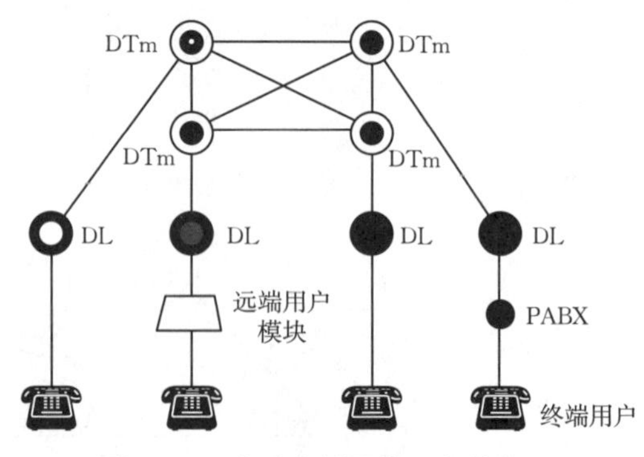

图 1-1-5　本地电话网的两级结构

2. 本地电话网的线路

（1）中继线

①长—市中继线：连接长途电话局至市话端局或汇接局的线路称为长—市中继线。

②市话中继线：市话端局之间、端局与汇接局之间、汇接局与汇接局之间的中继线路称为市话中继线或局间中继线。

远端用户模块（或设备间）是数字交换设备的局外延伸，连接端局至远端用户模块的线路，实际上是交换设备的级间连线，也看作市话中继线路。

（2）用户线路

①用户线路内容

从市话交换局的总配线架纵列起，经电缆进线室、主干电缆、交接箱设备、配线电缆、分线设备（分线盒、分线箱）、用户引入线或楼内暗配线至用户电话机的线路称为用户线路，如图 1-1-6 所示。

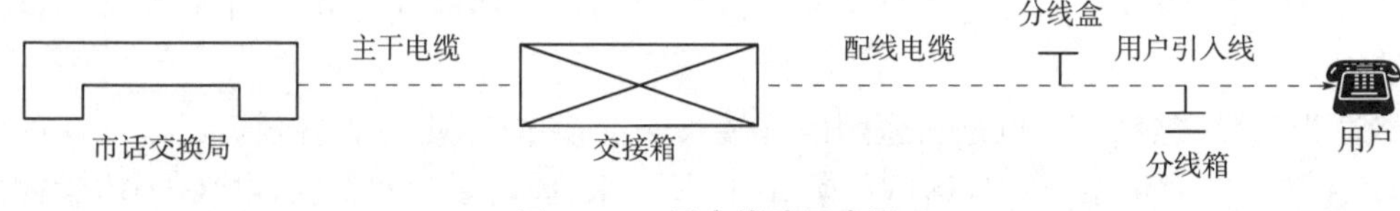

图 1-1-6　用户线路示意图

②主干电缆

a. 交接配线是指从总配线架到交接箱的电缆。

b. 直接配线是指从总配线架到配线点或某配线区的第一个配线点的电缆。

主干电缆一般采用架空、管道、直埋、墙壁等敷设方式。

③配线电缆

配线电缆是指从交接箱或第一个配线点到分线设备的电缆。一般采用架空、管道、墙壁等敷设方式。

④用户引入线

用户引入线是指从分线设备到用户电话机的连线。用户引入线为钢芯塑料绝缘平行线（或称塑料皮线）。这种塑料皮线通常用在引入线的架空部分，一般采用小对数的带加强芯或自承式的铜芯电缆及钢包钢引入线。

【任务考核】

1. 简述长途网的概念并画出其两级结构图。

2. 简述本地网的概念并画出其两级结构图。
3. 试述本地网线路包含内容。

【考核评价】

<table>
<tr><th colspan="4">总结评价(学生完成)</th></tr>
<tr><td colspan="4">任务总结</td></tr>
<tr><th colspan="4">任务实施情况</th></tr>
<tr><td colspan="4">1. 任务是否按计划时间完成?
2. 相关理论完成情况。
3. 任务完成情况。
4. 语言表达能力及沟通协作情况。
5. 参照通信工程项目作业程序、国家标准对整个任务实施过程、结果进行自评和互评</td></tr>
<tr><td>学生自评(A/B/C)</td><td>组内互评(A/B/C)</td><td>小组评价(A/B/C)</td><td>总等级(A/B/C)</td></tr>
<tr><td></td><td></td><td></td><td></td></tr>
<tr><td colspan="4">注:A 优秀,B 合格,C 不合格</td></tr>
</table>

<table>
<tr><th colspan="6">考核评价表(教师完成)</th></tr>
<tr><th>学号</th><td></td><th>姓名</th><td></td><th>考核日期</th><td></td></tr>
<tr><th>任务名称</th><td colspan="3">认识电话网</td><th>总等级</th><td></td></tr>
<tr><th>任务考核项</th><th>考核等级</th><th colspan="3">考核点</th><th>等级</th></tr>
<tr><td>素养评价</td><td>A/B/C</td><td colspan="3">A:能够完整、清晰、准确地回答任务考核问题。
B:能够基本回答任务考核问题。
C:基础知识掌握差,任务理解不清楚,任务考核问题回答不完整</td><td></td></tr>
<tr><td>知识评价</td><td>A/B/C</td><td colspan="3">A:熟悉任务的实施步骤,独立完成任务,有能力辅助其他同学完成规定的工作任务,实施快速,准确率高。
B:基本掌握各个环节实施步骤,有问题能够主动请教其他同学,基本完成规定的工作任务,准确率较高。
C:未完成任务或只完成了部分任务,有问题没有积极向其他同学请教,工作实施拖拉、不积极,各个部分的准确率差</td><td></td></tr>
<tr><td>能力评价</td><td>A/B/C</td><td colspan="3">A:不迟到、不早退,对人有礼貌,善于帮助他人,积极主动完成规定工作任务,笔记完整整洁,回答老师提问完全正确。
B:不迟到、不早退,在教师督导和他人辅导下,能够完成规定工作任务,回答老师提问较准确。
C:未完成任务或只完成了部分任务,有问题没有积极向其他同学请教,工作实施拖拉、不积极,不能准确回答老师提出的问题</td><td></td></tr>
</table>

项目二 初识通信线路工程

项目引入

随着我国通信网络与技术的快速发展，我们已经全面进入了信息化时代，对通信的需求和依赖变得前所未有的强烈，每年都有大量的通信光(电)缆线路工程的建设。本项目主要带大家走进通信线路工程的世界，了解通信线路、通信工程相关知识。

项目目标

知识目标

1. 了解光通信的基础。
2. 掌握光纤的结构、类型及特性。
3. 掌握光缆、电缆的结构、类型及特性。
4. 熟知通信线路技术的特点。
5. 掌握通信工程的施工业务流程。
6. 了解通信系工程的岗位及分类。

能力目标

1. 能够正确识别不同种类的光纤。
2. 能够识别光缆、电缆的型号及端别。
3. 能够设计简单通信工程的施工流程。

素养目标

1. 培养良好的职业道德。
2. 培养从事通信线路工作所需要的业务知识和专业能力。
3. 培养优良的工作作风，发挥工匠精神，做好工作中的每一件事。

项目导图

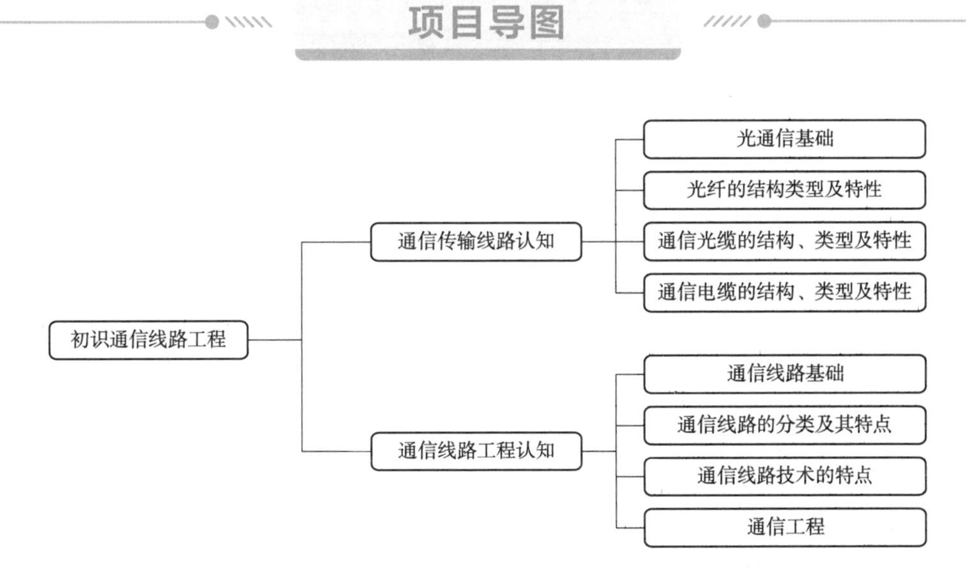

任务一　通信传输线路认知

不论是电话通信、数据通信还是5G移动通信、卫星通信，通信线路都是主要的传输载体之一。在有线通信中，其物理信道主要是指通信线路，而通信线路又包括通信电缆、通信光缆等。本任务主要进行通信传输线路相关内容学习。

【任务单】

任　务　单			
任务名称	通信传输线路认知		
任务类型	讲授课	**实施方式**	老师讲解、分组讨论、案例学习
面向专业	通信相关专业	**建议学时**	4学时
任务实施重难点	重点：光缆、电缆的结构及分类。 难点：能够识别光缆、电缆的型号及端别		
任务目标	1. 了解光通信的基础。 2. 掌握光纤的结构、类型及特性。 3. 掌握光缆、电缆的结构、类型及特性。 4. 会识别光缆、电缆的型号及端别		

【任务学习】

知识点一　光通信基础

光是一种电磁波，把无线电波、红外线、可见光、紫外线、X射线及γ射线按照波长或频率的顺序排列起来，就是电磁波谱。其中，无线电的波长最长，γ射线的波长最短。电磁波为横波，可用于探测、定位、通信等。光通信是利用光波作为载波来传递信息的通信方式。目前，光纤通信的实用工作波长在近红外区，即 800～1 600 nm 的波长区，如图 1-2-1 所示，光纤通信有 850 nm、1 310 nm 和 1 550 nm 三个工作窗口。

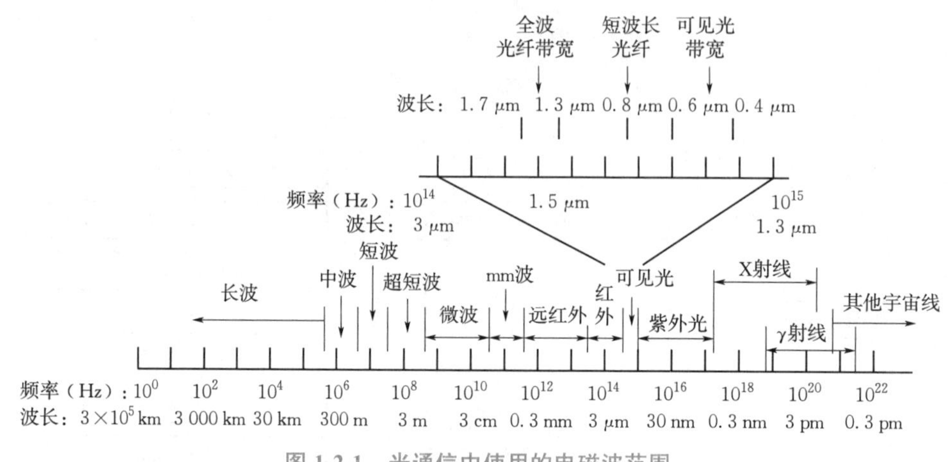

图 1-2-1　光通信中使用的电磁波范围

1. 光的直线传播

光在同一均匀物质中是沿直线传播的。日食、月食、人影、小孔成像、激光准值等就是光沿直线传播的应用。通常应用中，光在真空中的传播速度，多取 $c=3\times10^8$ m/s。除真空外，光还可以在水、玻璃等介质中传播，在介质中传播的速度小于在真空中传播的速度，在水中的传播速度为 2.25×10^8 m/s，在玻璃中的传播速度为 2.0×10^8 m/s。

2. 光的反射及折射

光在同一均匀介质中传播时是以直线方向进行的，但在到达两种不同介质的分界面时，会发生反射与折射现象。光的反射与折射如图 1-2-2 所示，n_1 为纤芯折射率，n_2 为包层折射率，θ_1 为入射角，θ_2 为反射角，θ_3 为折射角。

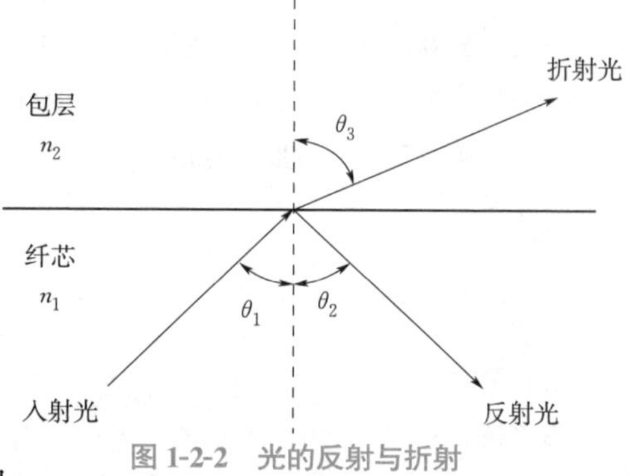

图 1-2-2　光的反射与折射

根据光的反射定律，反射角 θ_2 等于入射角 θ_1，即

$$\theta_1=\theta_2$$

当光在 A 介质中沿直线前进，遇到 B 介质界面时，通常会有一部分的光反射回 A 介质，另一部分光则进入 B 介质中，这种现象称为折射。根据光的折射定律为

$$n_1\sin\theta_1=n_2\sin\theta_3$$

其中，n_1 为纤芯的折射率；n_2 为包层的折射率。

显然，若 $n_1>n_2$，则会有 $\theta_3>\theta_1$。如果 n_1 与 n_2 的比值增大到一定程度，就会使折射角 $\theta_3\geqslant90°$，此时的折射光线不再进入包层（光疏介质），而会在纤芯（光密介质）与包层的分界面上掠过（$\theta_3=90°$ 时），或者重返回纤芯中进行传播（$\theta_3>90°$时）。这种现象叫作光的全反射现象，如图 1-2-3 所示。可见，入射角不断增大，折射光的能量越来越少，反射光的能量逐渐增大，最后折射光消失。

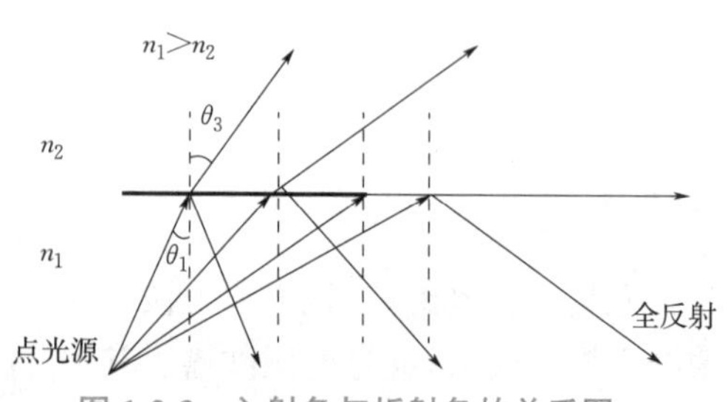

图 1-2-3　入射角与折射角的关系图

3. 光的色散及散射

(1)光的色散

在物理学中，色散是指不同颜色的光经过透明介质后被分散开的现象。一束白光经三棱镜后被分为七色光带，这是因为玻璃对不同颜色(不同频率或不同波长)的光具有不同的折射率，波长越长(或频率越低)，玻璃呈现的折射率越小；波长越短(或频率越高)，玻璃呈现的折射率越大。当不同颜色组合而成的白光以相同的入射角 θ_1 入射时，根据折射定律 $n_1 \sin\theta_1 = n_2 \sin\theta_3$($\theta_3$ 为折射角)，不同颜色的光因 n_2 不同会有不同的折射角，这样不同颜色的光就会被分开，出现色散。如图 1-2-4 所示，紫色光折射率大，红色光折射率小。由于速度 $v=c/n$，很显然，不同颜色的光在玻璃中传播的速度也不相同。

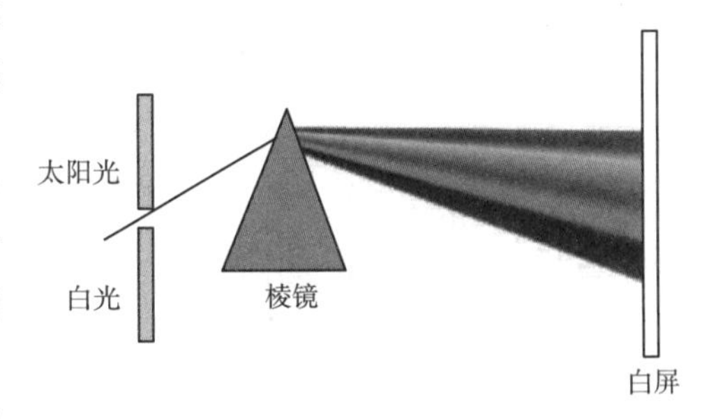

图 1-2-4　光的色散现象

在光纤传播理论中，拓宽了色散的含义，在光纤中，信号是由很多不同模式或频率的光波携带传输的，当信号达到终端时，不同模式或不同频率的光波出现了传输时延差，从而引起信号畸变，这种现象统称为色散。对于数字信号，经光纤传播一段距离后，色散会引起光脉冲展宽，严重时，前后脉冲将互相重叠，形成码间干扰。因此，色散决定了光纤的传输带宽，限制了系统的传输速率或中继距离。色散和带宽是从不同领域来描述光纤的同一特性的。

(2)光的散射

光线通过不均匀介质(如空气分子、尘粒、云滴)时，部分光束将偏离原来方向而分散传播，使我们从侧向也可以看到光，这种现象叫作光的散射。由于媒质中存在着其他物质的微粒，或者由于媒质本身密度的不均匀性(即密度涨落)，使得通过物质的光的强度减弱，从而引起光的散射。光的散射根据光传播特性主要分为瑞利散射和分子散射两大类。

瑞利散射光的强度与波长 λ 的 4 次方成反比。当观察晴天的天空时，进入人眼的是阳光经过大气层时的侧向散射光，主要包含波长较短的青蓝色成分，所以天空呈蓝色；而落日时，直视太阳所看到的是在大气层中经过较长路程的散射后的阳光，剩余的长波可见光较明显，所以落日呈红色。

物质中有杂质微粒(如细微的悬浮物、细微气泡等)或存在折射率分布的不均匀性，这些细微的不均匀性区域成为散射中心，它们的散射光是非相干的，各折射光束的光强直接相加，这时即可观察到散射光。当微粒线度远小于光的波长时，就会发生瑞利散射。此外，通常的纯净物质中各处总有密度的起伏，这也构成折射率分布的不均匀性，这种密度起伏是一般纯净透明物质中产生瑞利散射的原因，而由密度起伏导致的散射则称为分子散射。

知识点二　光纤的结构类型及特性

由于光在空气中传输存在着很多问题，如大气光传输要求收发两地视距可见且对天气情况十分敏感，而大气的特性决定了它的密度或折射率不均匀，使光线发生漂移和抖动，致使通信的信噪比劣化、传输性能不稳定。因此，光纤成为光通信的主要介质是一种必然的选择。

1. 光纤的结构

光纤(optical fiber,OF)就是用来导光的透明介质纤维,一般由纤芯、包层、一次涂敷层和套层组成,如图 1-2-5 所示。

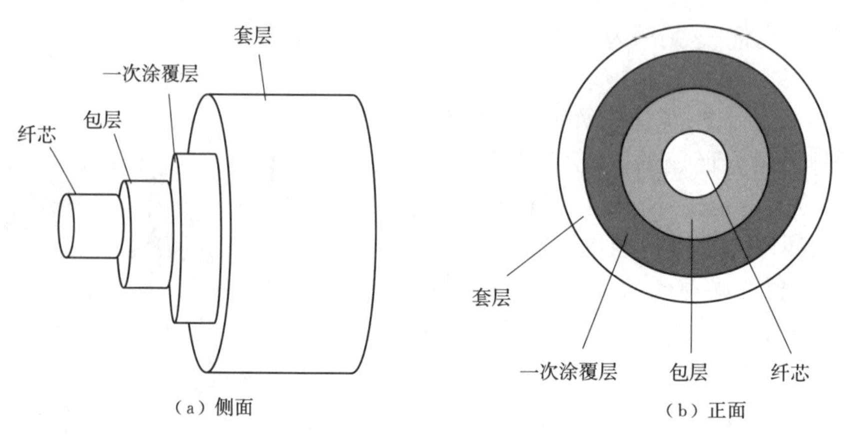

图 1-2-5 光纤结构图

(1)纤芯位于光纤的中心部位(直径 5～80 μm),其成分是高纯度的二氧化硅,此外还掺有极少量的掺杂剂,如二氧化锗、五氧化二磷等,掺有少量掺杂剂的目的是适当提高纤芯的光折射率(n_1)。通信用的光纤,其纤芯的直径为 8～10 μm(单模光纤)或 50 μm(多模光纤)。

(2)包层位于纤芯的周围(其直径约 125 μm),其成分也是含有极少量掺杂剂的高纯度二氧化硅。掺杂剂(如三氧化二硼)的作用则是适当降低包层的光折射率(n_2),使之略低于纤芯的折射率。纤芯和包层的结构满足导光要求,控制光波沿纤芯传播。

(3)涂覆层

光纤的最外层是由丙烯酸酯、硅橡胶和尼龙组成的涂覆层,其目的是增加光纤的机械强度与可弯曲性,从而起保护光纤的作用(因不做导光用,故可染成各种颜色)。涂覆层一般分为一次涂覆层和二次涂覆层。二次涂覆层是在一次涂覆层的外面再涂上一层热塑材料,故又称为套塑。一般涂覆后的光纤外径约 1.5 mm。

2. 光纤的分类

目前光纤的种类繁多,但就其分类方法而言有四种,即按传输模式分类、按折射率分布分类、按工作波长分类和按套塑类型分类。

(1)按传输模式分类

按光在光纤中的传输模式可分为:单模光纤和多模光纤。

多模光纤(multi mode fiber,MMF)的纤芯较粗(50 μm 或 62.5 μm),可传送多种模式的光,但其模间色散较大,这就限制了传输数字信号的频率,而且随距离的增加会更加严重,所以多模光纤一般适用于低、中速和短、中距离传输。

单模光纤(single mode fiber,SMF)的纤芯很细(一般为 9 μm 或 10 μm),只能传送一种模式的光,所以其模间色散很小,适用于远程通信,由于色度色散起到主要作用,因此单模光纤对光源的谱宽和稳定性有较高的要求,即谱宽要窄,稳定性要好。单模光纤一般用于高速、大容量、远距离传输。

(2)按折射率分布分类

按纤芯及包层的折射率分布情况可分为阶跃型光纤和渐变型光纤,如图 1-2-6 所示。

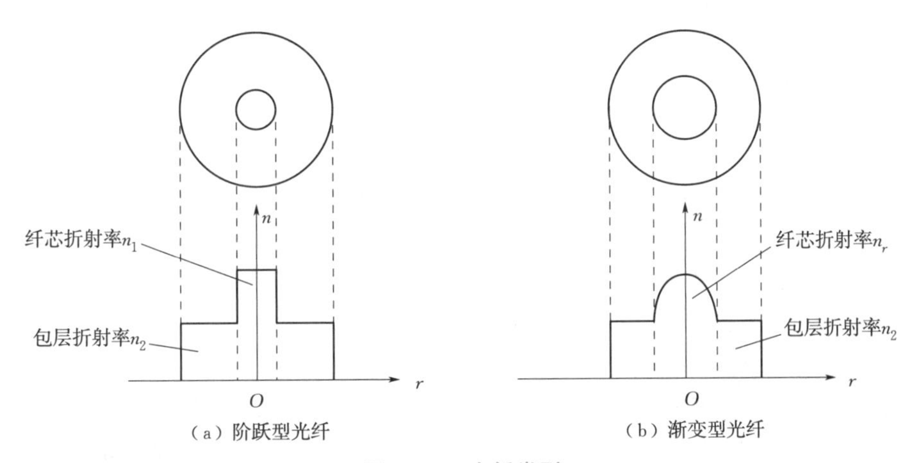

（a）阶跃型光纤
（b）渐变型光纤

图 1-2-6 光纤类型

阶跃型(突变型)光纤是指在纤芯与包层区域内,其折射率分布都是均匀的,包层的折射率稍低一些,光纤纤芯到玻璃包层的折射率是突变的,有一个台阶,所以称为阶跃型折射率光纤,简称阶跃光纤,也称突变光纤,如图 1-2-6(a)所示。光纤的纤芯折射率高于包层折射率,使得输入的光能在纤芯和包层交界面上不断产生全反射而前进。这种光纤的传输模式很多,各种模式的传输路径不一样,经传输后到达终点的时间也不相同,因而产生时延差,使光脉冲受到展宽。这种光纤的模间色散高,传输频带不宽,传输速率不高,只适用于短途、低速通信。

为了解决阶跃光纤存在的弊端,又研制、开发了渐变折射率光纤,简称渐变光纤。它的纤芯折射率呈非均匀分布,在轴心处最大,而在光纤横截面内沿半径方向逐渐减小,在纤芯与包层的交界面上降至包层折射率,如图 1-2-6(b)所示。渐变光纤中纤芯到包层的折射率逐渐变小,可使高次模的光按正弦形式传播,这样能减少模间色散,提高光纤带宽,增加传输距离,现在的多模光纤多为渐变光纤。渐变光纤的包层折射率分布与阶跃光纤一样为均匀分布。

(3)按工作波长分类

按光纤的工作波长分为短波长光纤、长波长光纤和超长波长光纤。短波长光纤是指波长为 0.8～0.9 μm 的光纤;长波长光纤是指波长为 1.0～1.7 μm 的光纤;超长波长光纤是指波长为 2.0 μm 以上的光纤。

(4)按套塑类型分类

按套塑结构不同,将光纤分为紧套光纤和松套光纤。

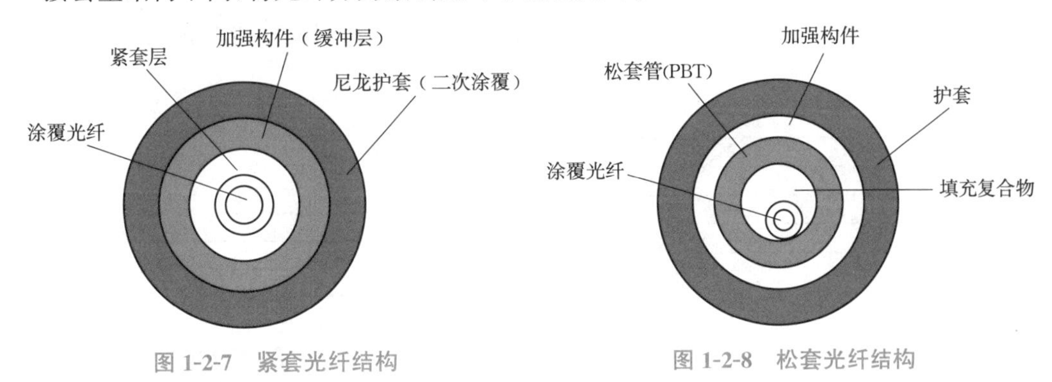

图 1-2-7 紧套光纤结构　　图 1-2-8 松套光纤结构

紧套光纤是指二次、三次涂覆层与一次涂覆层及光纤的纤芯、包层等紧密地结合在一起的光纤。

未经套塑的光纤,其衰耗—温度特性本是十分优良的,但经过套塑之后其温度特性下降。这是因为套塑材料的膨胀系数比二氧化硅高得多,在低温时收缩较严重,压迫光纤发生微弯曲,增加了光纤的衰耗。

松套光纤是指经过涂覆后的光纤松散地放置在一塑料管之内,不再进行二次、三次涂覆。松套光纤的制造工艺简单,其衰耗—温度特性与机械性能也比紧套光纤好。

3. 光纤的光学特性

光纤的导光理论比较复杂,涉及电磁场理论、波动光学理论、量子场论方面的知识,仅从基本的几何光学的角度来看,光纤通信是应用了光的全反射原理

(1)光在阶跃型光纤中的传播

为了保证光在光纤中可靠传播,进入光纤的入射光线必须满足一定的角度区域(也称最大数值孔径 NA_{max}),才能将光线束缚在纤芯内传输。光在阶跃型光纤中的传播如图 1-2-9 所示。

同时光纤本身需满足一定的曲率半径要求,当曲率半径过小,将可能出现光线折射进入包层的“漏光”现象,从而引起光信号的损耗。光纤传输中的“漏光”现象如图 1-2-10 所示。

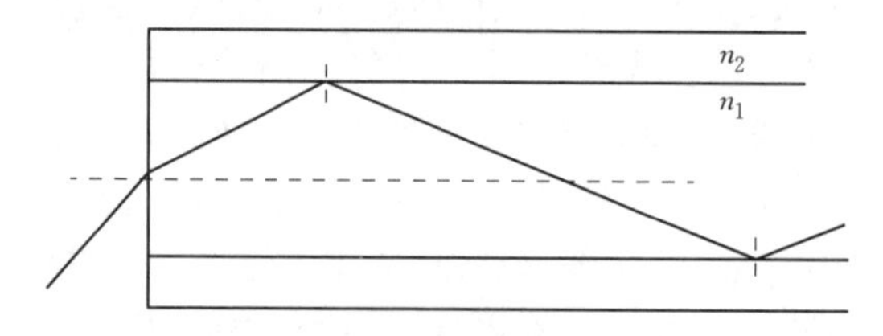

图 1-2-9 光在阶跃型光纤中的传播示意图

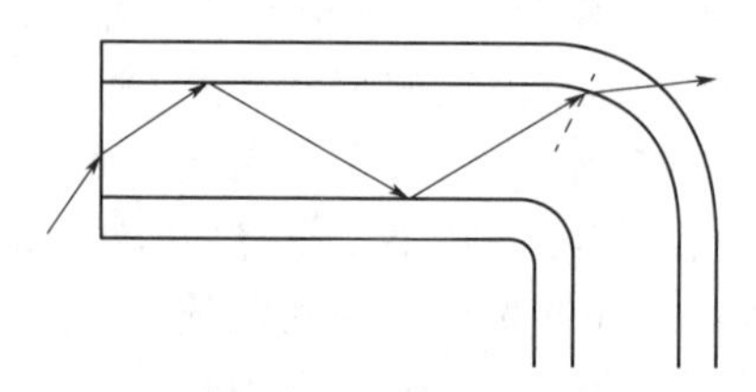

图 1-2-10 光纤传输中的“漏光”现象

因此,当对光纤(缆)进行弯曲和盘放时,一般要求曲率半径不得小于光纤(缆)径的15 倍,工程施工中要求不得小于 20 倍。

(2)光在梯度型光纤中的传播

光在两种均匀介质的光滑分界面上传播时,其折射光遵守折射定律。若有一系列折射率均匀的介质被分成若干层,其折射率分别为 $n_1>n_{11}>\cdots>n_2$,光线在第一种介质中以一定的入射角入射在第一和第二种介质的分界面上时将发生折射,折射光在第二和第三、第三和第四……介质的分界面上时也将发生折射。折射光线的轴迹为折线,并且折射光线的方向与各层介质的折射率大小有关。当各层介质的厚度趋于零时,折射光线的轨迹变成曲线,如图 1-2-11 所示。

(3)光在单模光纤中的传播

光在单模光纤中的传播轨迹是通过平行于光纤轴线的形式以直线方式传播,如图 1-2-12 所示。

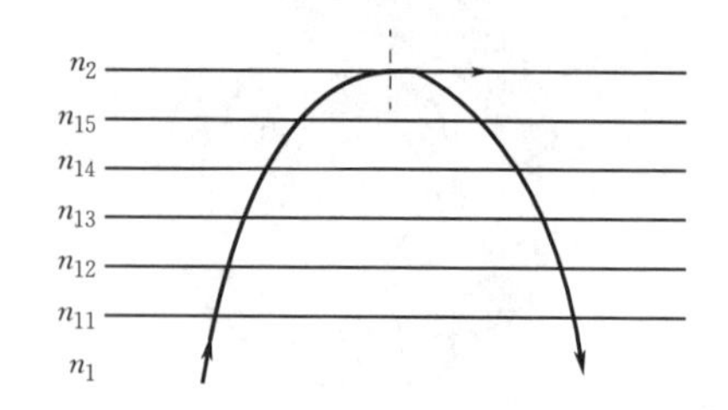

图 1-2-11 光线在梯度折射率光纤中的折射

图 1-2-12 光在单模光纤中的传播轨迹

4. 光纤的传输特性

光纤主要传输特性参数指标有损耗和色散。光纤通信中光源发光器件为 LD(半导体激

光器)，是近红外区激光信号。G. 652A/B 标准光纤传输特性曲线如图 1-2-13 所示(C/D 为无“水峰”光纤)。

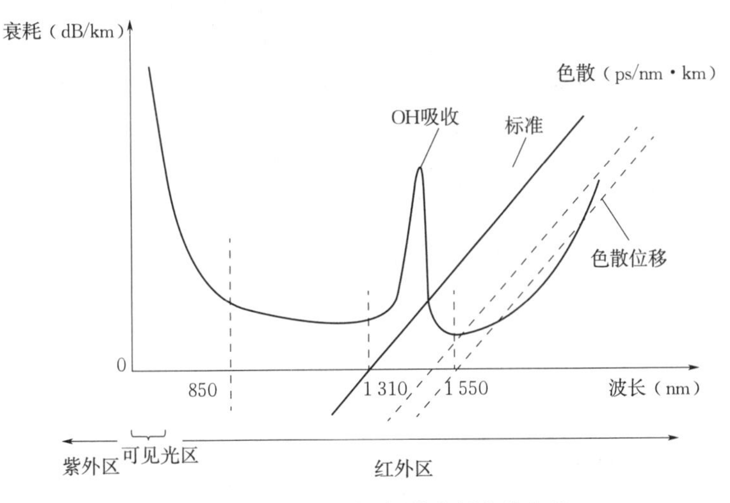

图 1-2-13 G. 652A/B 标准光纤传输曲线

由图 1-2-13 可知，标准光纤在部分波长区域具有较小的衰耗和色散，这就定义了通常我们所说的光纤通信的三个工作窗口，即 850 nm、1 310 nm、1 550 nm 窗口。标准光纤在 1 310 nm 位置色散最小(衰耗并不小，约为 0. 34 dB/km)，1 550 nm 位置衰耗最小(0. 25 dB/km)，故 1 310 nm 窗口又称为零色散窗口，1 550 nm 窗口又称为最小衰耗窗口。目前光缆网络中通常用的是 G. 652 标准光纤。

针对衰减和零色散不在同一工作波长上的特点，20 世纪 80 年代中期，人们研发成功了一种把零色散波长从 1. 3 μm 移到 1. 55 μm 的色散位移光纤(DSF)。国际电信联盟(ITU)将这种光纤定义为 G. 653 光纤。

(1)损耗

光信号经过光纤进行传输后，光信号的强度变弱或光脉冲的脉幅发生降低畸变，从而影响光纤传输的距离。光纤损耗主要包括吸收损耗、散射损耗、弯曲损耗三种损耗，如图 1-2-14 所示。

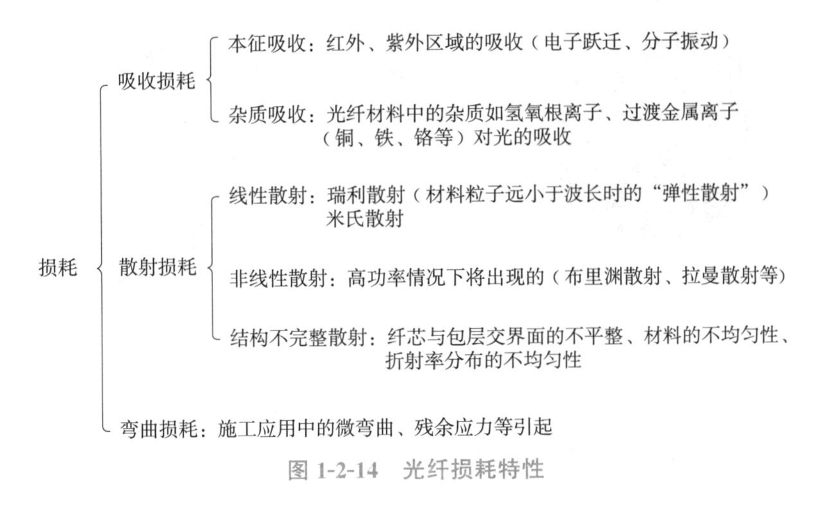

图 1-2-14 光纤损耗特性

(2)色散

当一个光脉冲从光纤输入,经过一段长度的光纤传输之后,其输出端的光脉冲会变宽,甚至有了明显的失真。可以理解为光信号的不同模式或频率分量在光纤传输过程中产生了时延,接收端光脉冲信号出现了展宽,从而影响光纤传输的距离和带宽(容量)。从光纤色散产生的机理来看,它包括模式色散、材料色散和波导色散三种,如图 1-2-15 所示。

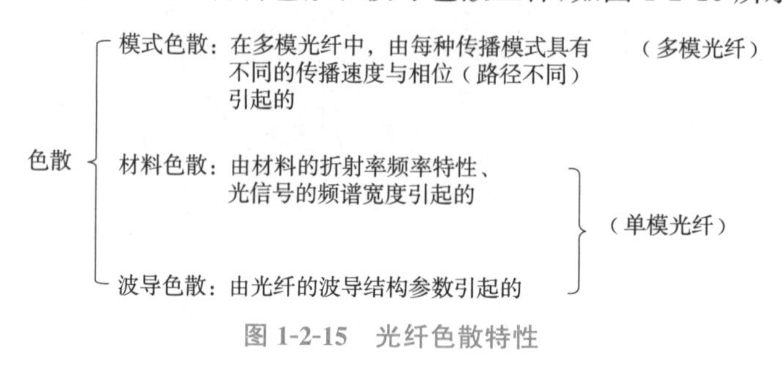

图 1-2-15 光纤色散特性

知识点三 通信光缆的结构、类型及特性

通信光缆的结构是由其传输用途、运行环境、敷设方式等诸多因素决定的,常将通信光缆分为室内光缆和室外光缆两大类,本任务介绍室外光缆。

由于光纤比较脆弱,极易受到外界的损伤,所以光纤需要进行成缆。光纤成缆具体的原因有:

(1)如果不成缆,过大的张力会使光纤断裂。

(2)与其他元件组合成光缆后,会具有良好的传输性能及抗拉、抗冲击、抗弯曲等机械性能。

(3)可根据不同的使用情况,制成不同结构形式的光缆。

(4)可加入金属线,以传送电能。

1. 光缆的结构

光缆一般由缆芯、护层、中心加强件等部分组成,如图 1-2-16 所示。

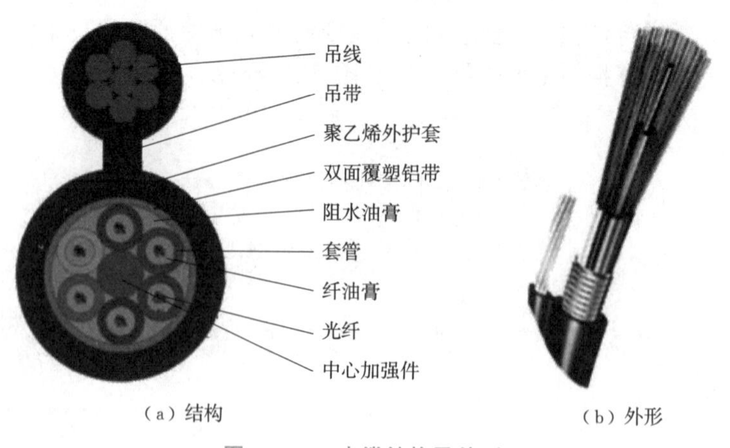

(a)结构　　(b)外形

图 1-2-16 光缆结构及外形

缆芯通常包括被覆光纤(或称芯线)和中心加强件两部分。被覆光纤是光缆的核心,决定着光缆的传输特性。中心加强件起着承受光缆拉力的作用,通常处在缆芯中心,有时配置在护套中。中心加强件通常用杨氏模量大的钢丝或非金属材料(芳纶纤维)做成。光缆的组成结构见表 1-2-1。

表 1-2-1　光缆的组成结构

序　　号	组成部分	说　　明
1	被覆光纤	单芯：单根二次涂覆光纤 多芯：多根二次涂覆光纤，分为带状和单位式结构两种
2	护层	内护层：铝带和聚乙烯加钢丝铠装 外护层：聚乙烯或氯乙烯
3	加强芯	承受敷设安装时的外力

室外光缆的基本结构有骨架式、层绞式、中心束管式、带状式。每种基本结构中既可放置分离光纤，亦可放置带状光纤。

(1)骨架式光缆

骨架式光缆是把紧套光缆或一次被覆光纤放入中心加强件周围的螺旋形塑料骨架凹槽内而构成的，如图 1-2-17 所示，骨架式光缆一般包含光纤、加强芯、绑带、骨架和外护套等。骨架式光缆的优点有：结构紧凑、缆径小、纤芯密度大(上千芯至数千芯)、接续时无须清除阻水油膏、接续效率高等；其缺点有：制造设备复杂(需要专用的骨架生产线)、工艺环节多、生产技术难度大等。

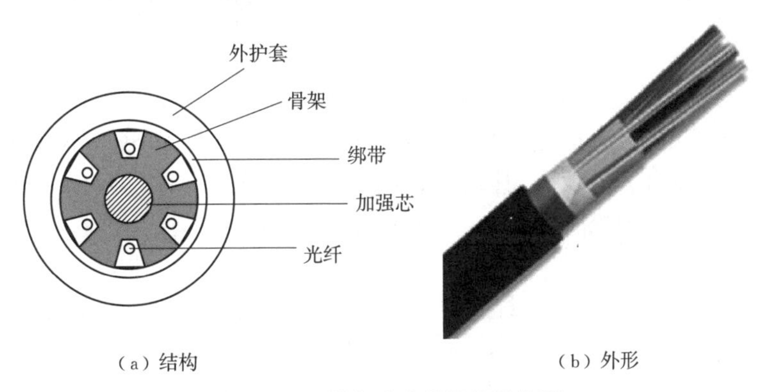

（a）结构　　（b）外形

图 1-2-17　骨架式光缆结构及外形

(2)层绞式光缆

层绞式光缆结构是由多根二次被覆光纤松套管(或部分填充绳)绕中心加强件绞合成圆形的缆芯，缆芯外先纵包涂覆铝带等，再加上一层聚乙烯外护套组成，如图 1-2-18 所示。

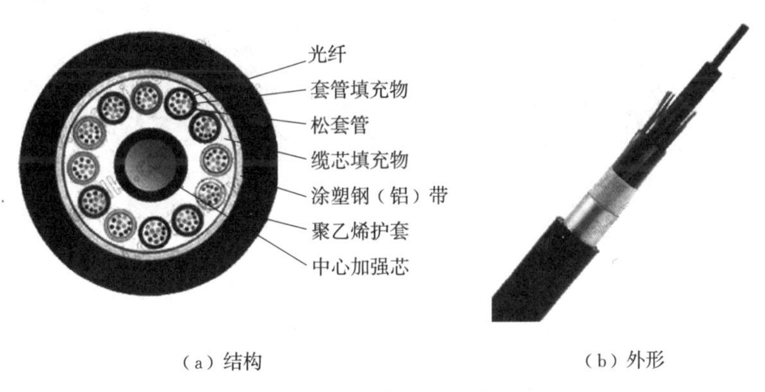

（a）结构　　（b）外形

图 1-2-18　层绞式光缆结构

层绞式光缆的结构特点是光缆中容纳的光纤数量多；光缆中光纤余长易控制；光缆的机械、环境性能好。采用松套光纤的缆芯可以增强抗拉强度，改善温度特性，适宜于直埋、管道敷设，也可用于架空敷设。

(3)中心束管式光缆

中心束管式光缆：把一次被覆光纤或光纤束无绞合放入高强度塑料光纤塑管中，并将加强件配置在套管周围而构成，如图 1-2-19 所示。这种结构的加强件同时起到护套的部分作用，有利于减小光缆的重量。

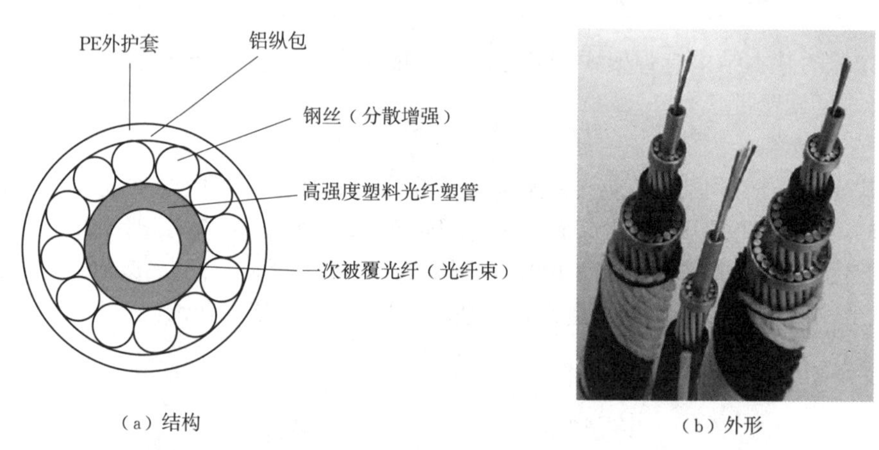

(a) 结构　　(b) 外形

图 1-2-19　中心束管式光缆结构及外形

中心束管式光缆的优点有：光缆结构简单、制造工艺简捷，光缆截面小、重量小，适宜架空敷设，也可用于管道或直埋敷设等；其缺点有：缆中光纤芯数不宜过多，松套管挤塑工艺中松套管冷却不够，成品光缆中松套管会出现后缩，光缆中光纤余长不易控制等。

(4)带状式光缆

带状光缆是将多根一次涂覆光纤排列成行制成带状光纤单元，然后再把带状光纤单元放入在塑料套管中，形成中心束管式结构，如图 1-2-20 所示。带状式缆芯有利于制造容纳几百根光纤的高密度光缆，这种光缆已广泛应用于接入网。

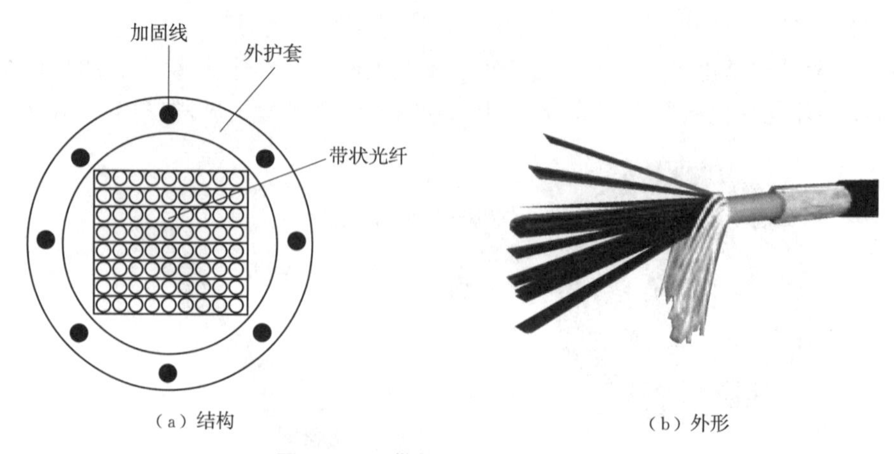

(a) 结构　　(b) 外形

图 1-2-20　带状式光缆结构及外形

2. 光缆分类

(1)按光缆的结构进行分类，见表 1-2-2。

表 1-2-2　光缆分类(按结构分类)

<table>
<tr><td rowspan="18">光缆分类</td><td rowspan="3">网络层次</td><td>核心光缆</td></tr>
<tr><td>接入网光缆</td></tr>
<tr><td>中继网光缆</td></tr>
<tr><td rowspan="3">光纤状态</td><td>松套光缆</td></tr>
<tr><td>半松半紧光缆</td></tr>
<tr><td>紧套光缆</td></tr>
<tr><td rowspan="3">光纤形态</td><td>分离光纤光缆</td></tr>
<tr><td>光纤束光缆</td></tr>
<tr><td>光纤带光缆</td></tr>
<tr><td rowspan="5">缆芯结构</td><td>中心束管式光缆</td></tr>
<tr><td>层绞式光缆</td></tr>
<tr><td>骨架式光缆</td></tr>
<tr><td>带状式光缆</td></tr>
<tr><td>软线式光缆</td></tr>
<tr><td rowspan="4">敷设方式</td><td>架空光缆</td></tr>
<tr><td>管道光缆</td></tr>
<tr><td>直埋光缆</td></tr>
<tr><td>水底光缆</td></tr>
</table>

(2)按光缆的使用环境进行分类,见表 1-2-3。

表 1-2-3　光缆分类(按使用环境分类)

<table>
<tr><td colspan="2" rowspan="3">室内光缆</td><td colspan="2">多用途光缆</td></tr>
<tr><td colspan="2">分支光缆</td></tr>
<tr><td colspan="2">互连光缆</td></tr>
<tr><td colspan="2" rowspan="2">室外光缆</td><td colspan="2">金属加强件</td></tr>
<tr><td colspan="2">非金属加强件</td></tr>
<tr><td rowspan="5">使用环境</td><td rowspan="5">特种光缆</td><td rowspan="3">电力光缆</td><td>缠绕式光缆</td></tr>
<tr><td>光纤复合式光缆</td></tr>
<tr><td>全介质自承式架空光缆</td></tr>
<tr><td rowspan="2">阻燃光缆</td><td>室内阻燃光缆</td></tr>
<tr><td>室外阻燃光缆</td></tr>
</table>

目前常用的光缆为松套管、金属加强型光缆,结构一般为中心束管式和层绞式。光缆结构的选择通常取决于光缆芯数。当光缆芯数为 4～12 芯时,通常采用中心束管式结构;当光缆芯数为 12～96 芯时,通常采用层绞式结构。通信局内光纤配线架间跳接用光缆常采用软线式光缆。

3. 光缆的型号

光缆的种类较多，在《光缆型号命名方法》(YD/T 908—2020)中有相应规定。

(1)光缆型号组成格式

光缆型号由型式、规格和特殊性能标识组成，特殊性能标识可缺省，三部分之间空一个格，如图1-2-21所示。

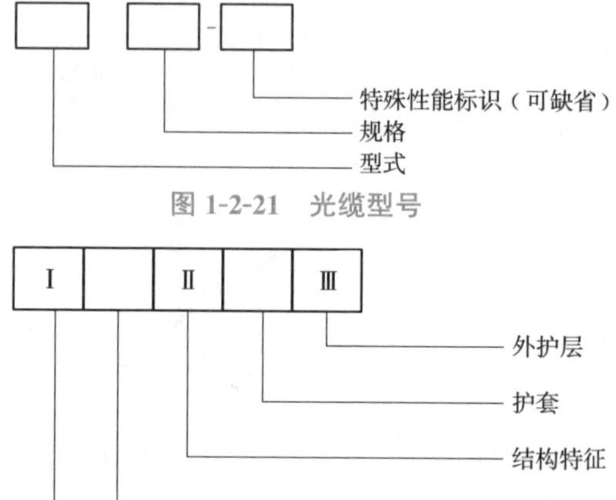

图1-2-21　光缆型号

图1-2-22　光缆型式的构成

(2)光缆型号的组成内容、代号及意义

①光缆的型式

型式由5个部分构成，各部分均用代号表示，其构成如图1-2-22所示，其中结构特征指缆芯结构和光缆派生结构。

a. 分类的代号及含义

光缆按适用场合分为室外、室内等几大类，每大类下面还细分成小类。

当现有分类代号不能满足新型光缆命名需要时，应在相应位置增加新字符以方便表达。加入的新字符应符合下列规定：

(a)应优先使用大写拼音字母。

(b)使用的字符应与下面相应的同一大类内列出的字符不重复。

(c)应尽可能采用与新分类名称相关的词汇的拼音或英文的首字母注。

室外型光缆分类代号含义如下：

GY:通信用室(野)外光缆。

GYC:通信用气吹微型室外光缆。

GYL:通信用室外路面微槽敷设光缆。

GYP:通信用室外防鼠啮排水管道光缆。

GYQ:通信用轻型室外光缆。

室内型光缆分类代号含义如下：

GJ:通信用室(局)内光缆。

GJA:通信用终端组件用室内光缆。

GJC:通信用气吹微型室内光缆。

GJB:通信用室内分支光缆。

GJP:通信用室内配线光缆。

GJI:通信用室内设备互联用光缆。

GJH:隐形光缆。

GJR:通信用室内圆形引入光缆。

GJX:通信用室内蝶形引入光缆。

其他类型光缆分类代号含义如下：

GH:通信用海底光缆。

GM:通信用移动光缆。

GS:通信用设备光缆。

GT:通信用特殊光缆。

GD:通信用光电混合缆。

注:GD 默认为通信用室外光电缆混合缆,也可适用于通信用室内外光电缆混合缆。

b. 加强构件的代号及含义

加强构件指护套以内或嵌入护套中用于光缆抗拉力的构件,包括缆芯内加强件、缆芯外加强件、护套内嵌加强件等。

当遇到以下代号不能准确表达光缆的加强构件特征时,应增加新字符以方便表达。新字符应符合下列规定:

(a)应优先使用一个大写拼音字母。

(b)使用的字符应与下面列出的字符不重复。

(c)应尽可能采用与新构件特征相关的词汇的拼音或英文的首字母。

加强构件的代号及含义如下:

(无符号):金属加强构件。

F:非金属加强构件。

N:无加强构件。

c. 结构特征的代号及含义

光缆结构特征应表示出缆芯的主要结构类型和光缆的派生结构。当光缆型式有几个结构特征需要表明时,可用组合代号表示,其组合代号按下列相应的各代号自上而下的顺序排列。

当遇到以下代号不能准确表达光缆的缆芯结构和派生结构特征时,应在相应位置增加新字符以方便表达。加入的新字符应符合下列规定:

(a)应优先使用一个大写拼音字母或阿拉伯数字。

(b)使用的字符应与下面列出的字符不重复。

(c)应尽可能采用与新结构特征相关的词汇的拼音或英文的首字母。

光纤组织方式的代号及含义如下:

(无符号):分立式。

D:光纤带式。

S:固化光纤束式。

二次被覆结构的代号及含义如下:

(无符号):塑料松套被覆结构。

M:金属松套被覆结构。

E:无被覆结构。

J:紧套被覆结构。

缆芯结构的代号及含义如下:

(无符号):层绞式结构。

G:骨架式结构。

R:束状式结构。

X:中心管式结构。

阻水结构特祉的代号及含义如下:

(无符号):全干式。

HT:半式。

T:填充式。

缆芯外护套内加强层的代号及含义如下:

(无符号):无加强层。

0:强调无加强层。

1:钢管。

2:绕包钢带。

3:单层圆钢丝。

33:双层圆钢丝。

4:不锈钢带。

5:镀铬钢带。

6:非金属丝。

7:非金属带。

8:非金属杆。

88:双层非念属杆。

承载结构的代号及含义如下:

(无符号):非自承式结构。

C:自承式结构。

d. 护套的代号及含义

护套的代号应表示出护套的结构和材料特征,当护套有几个特征需要表明时,可用组合代号表示,其组合代号按下列相应的各代号自上而下的顺序排列。

当遇到下列代号不能准确表达光缆的护套特征时,应增加新字符以方便表达。增加的新字符应符合下列规定:

(a)应优先使用一个大写拼音字母。

(b)使用的字符应与下面列出的字符不重复。

(c)应尽可能采用与新护套特征相关的词汇的拼音或英文的首字母。

护套阻燃特性的代号及含义如下:

(无符号):非阻燃材料护套。

Z:阻燃材料护套注。

护套结构的代号及含义如下:

(无符号):单一材质的护套。

A:铝一塑料粘接护套。

S:钢一塑料粘接护套。

W:夹带平行加强件的钢一塑料粘接护套。

P:夹带平行加强件的塑料护套。

K:螺旋钢管-塑料护套。

护套材料的代号及含义如下:

(无符号):当与护套结构代号组合时,表示聚乙烯护套。

Y:聚乙烯护套。

V:聚氯乙烯护套。

H:低烟无卤护套。

U:聚氨酯护套。

N:尼龙护套。

L:铝护套。

G:钢护套。

e. 外护层的代号及含义

当有外护层时,它可包括垫层、铠装层和外被层,其代号用两组数字表示(垫层不需表示),第一组表示铠装层,它应是一位或两位数字,见表 1-2-4;第二组表示外被层,它应是一位或两位数字,见表 1-2-5。

当存在两层及以上的外护层时,每层外护层代号之间用"+"连接。

当遇到下列数字不能准确表达光缆的外护层特征时,应增加新的数字以方便表达。增加的新数字应符合下列规定:

表示铠装层或外被层时应使用一位或两位数字使用的数字。

使用的数字应与下面列出的数字不重复。

表 1-2-4　铠装层

代　　号	含　　义	代　　号	含　　义
0 或(无符号)[a]	无铠装层	5	镀铬钢带
1	钢管	6	非金属丝
2	绕包钢带	7	非金属带
3	单层圆钢丝	8	非金属杆
33	双层圆钢丝	88	双层非金属杆
4	不锈钢带		

[a] 当光缆有外被层时,用代号"0"表示"无铠装层";光缆无外被层时,用代号"(无符号)"表示"无铠装层"

表 1-2-5　外被层

代　　号	含　　义	代　　号	含　　义
0 或(无符号)[a]	无外被层	5	尼龙套
1	纤维外被	6	阻燃聚乙烯套
2	聚氯乙烯套	7	尼龙套加覆聚乙烯套
3	聚乙烯套	8	低烟无卤阻燃聚烯烃套
4	聚乙烯套加覆尼龙套	9	聚氨酯套

[a] 当光缆有铠装层时,用代号"0"表示"无外被层";光缆无铠装层时,用代号"(无符号)"表示"无外被层"

②规格

光缆的基本规格由光纤数和光纤类别组成。同一根光缆中含有一种以上规格的光纤时,不同规格代号之间用"+"连接。

光纤数的代号用光缆中同类别光纤的实际有效数目的数字表示。

光纤类别应采用光纤产品的分类代号表示。具体的光纤类别代号应符合 GB/T 12357 以及

GB/T 9771 中的规定。多模光纤的类别代号见表 1-2-6,单模光纤的类别代号见表 1-2-7。

表 1-2-6　多模光纤

分类代号	特　　性	纤芯直径(μm)	包层直径(μm)	材　　料
Ala	渐变折射率	50	125	二氧化硅
Alb	渐变折射率	62.5	125	
Alc	渐变折射率	85	125	
Ald	渐变折射率	100	140	
A2a	突变折射率	100	140	

表 1-2-7　单模光纤

分类代号	名　　称	材　　料
B1.1	非色散位移型	二氧化硅
B1.2	截止波长位移型	
B2	色散位移型	
B4	非零色散位移型	

注:“B1.1”可简化为“B1”。

(3)光缆型号实例

例 1:非金属加强构件、光纤带骨架全干式、聚乙烯护套、非金属丝铠装、聚乙烯套通信用室外光缆,包含 144 根 B1.3 类单模光纤。

其型号应表示为:GYFDGY63　144B1.3。

例 2:金属加强构件、松套层绞填充式、铝一聚乙烯粘接护套通信用室外光缆,包含 12 根 B1.3 类单模光纤和 6 根 B4 类单模光纤。

其型号应表示为:CYTA　12B1.3+6B4。

4. 光缆的端别及纤序

(1)光缆中的光纤色谱

光纤排列以 12 芯为一束,每束光纤按表 1-2-8 所列颜色顺序区分。

表 1-2-8　光纤色谱表

光纤序号	光纤颜色	光纤序号	光纤颜色
1	蓝(BL)	7	红(RD)
2	橘(OR)	8	黑(BK)
3	绿(GR)	9	黄(YL)
4	棕(BR)	10	紫(VI)
5	灰(SL)	11	粉红(RS)
6	白(WH)	12	天蓝(AQ)

多芯光缆把不同颜色的光纤放在同一束管中成为一组,这样一根多芯光缆里就可能有好几个束管。正对光缆横截面,把红束管看作光缆的第一束管,顺时针依次为本色一、本色二、本色三……最后一根是绿束管,则为光缆的 A 端,如图 1-2-23 所示。

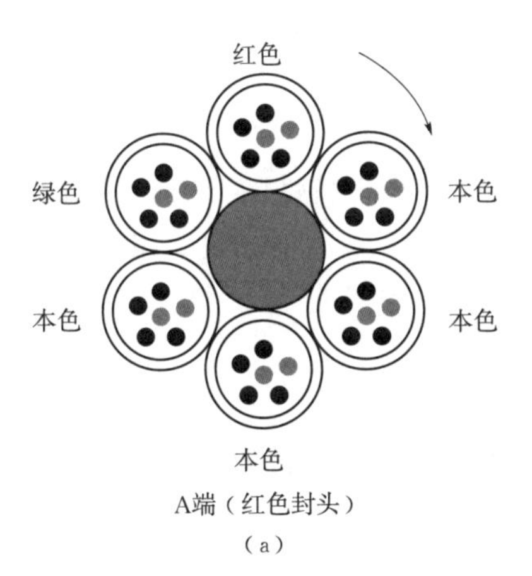

（a）

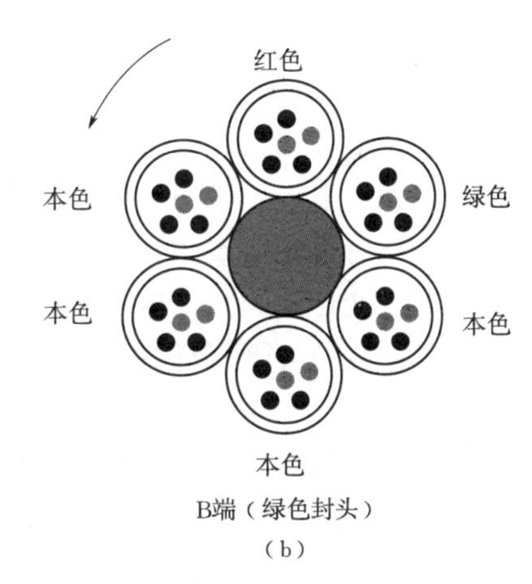

（b）

图 1-2-23　光缆端别

(2)光缆的端别

要正确地对光缆进行接续、测量和维护工作,必须掌握光缆的端别判别和缆内光纤纤序的排列方法,这是提高施工效率、方便日后维护所必需的。

光缆中的光纤单元、单元内光纤,均采用全色谱或领示色来标识光缆的端别与光纤序号,其色谱排列和所加标志色,在各国产品标准中规定有所不同,因此各个国家的产品不完全一致。目前国产光缆已完全能满足工程需要,本任务只对目前使用最多的国产全色谱光缆的端别进行介绍。

通信光缆的端别判断和通信电缆有些类似。

①对于新光缆

红点端为 A 端,绿点端为 B 端;光缆外护套上的长度数字小的一端为 A 端,另外一端即为 B 端。

②对于旧光缆

因为是旧光缆,此时红、绿点及长度数字均有可能模糊不清,此时判断方法是:面对光缆端面,若同一层中的松套管颜色按蓝、橘、绿、棕、灰、白顺时针排列,则为光缆的 A 端,反之则为 B 端。

(3)通信光缆中的纤序排定

光缆中的松套管单元光纤色谱分为两种,一种是 6 芯的,另一种是 12 芯的,前者的色谱排列顺序为蓝、橘、绿、棕、灰、白,后者的色谱排列顺序为蓝、橘、绿、棕、灰、白、红、黑、黄、紫、粉红、天蓝。

若为 6 芯单元松套管,则蓝色松套管中的蓝、橘、绿、棕、灰、白 6 根纤对应 1～6 号纤;紧扣蓝色松套管的橘色松套管中的蓝、橘、绿、棕、灰、白 6 根纤对应 7～12 号纤,依此类推,直至排完所有松套管中的光纤为止。

若为 12 芯单元松套管,则蓝色松套管中的蓝、橘、绿、棕、灰、白、红、黑、黄、紫、粉红、天蓝 12 根纤对应 1～12 号纤;紧扣蓝色松套管的橘色松套管中的蓝、橘、绿、棕、灰、白、红、黑、黄、紫、粉红、天蓝 12 根纤对应 13～24 号纤,依此类推,直至排完所有松套管中的光纤为止。

从这个过程中我们可以看到,光缆、电缆的色谱在走向上统一,均采用构成全色谱全塑电缆芯线绝缘层色谱的十种颜色:白、红、黑、黄、紫,蓝、橘、绿、棕、灰,但有一点不同的是:在全色谱全塑电缆中,颜色的最小循环周期是 5 种(组),如白/蓝、白/橘、白/绿、白/棕、

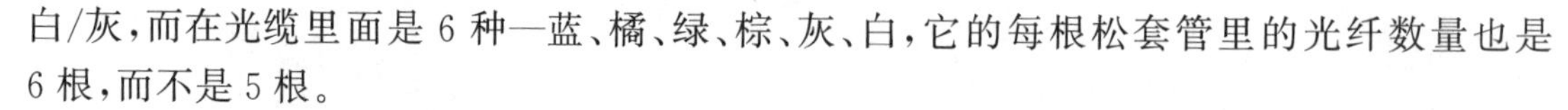

白/灰，而在光缆里面是6种—蓝、橘、绿、棕、灰、白，它的每根松套管里的光纤数量也是6根，而不是5根。

5. 光缆的特性

光缆的传输特性取决于被覆光纤。对光缆机械特性和环境特性的要求由使用条件确定。对产出光缆的这些特性的主要项目，例如拉力、压力、扭转、弯曲、冲击、振动和温度等，要根据国家标准的规定做例行试验。对成品光缆一般要求给出下述特性，这些特性的参数可以用经验公式进行分析计算，本任务只做简要的定性说明。

(1)拉力特性

光缆能承受的最大拉力取决于加强件的材料和横截面积，一般要求大于1 km光缆的质量，多数光缆在100～400 kg之间，即抗拉能力为1 000～4 000 N。

(2)压力特性

光缆能承受的最大侧压力取决于护套的材料和结构，多数光缆能承受的最大侧压力在(100～400) $kg/10\ cm^2$。

(3)弯曲特性

弯曲特性主要取决于纤芯与包层的相对折射率差Δ及光缆的材料和结构。实用光纤最小弯曲半径一般为20～50 mm，光缆最小弯曲半径一般为200～500 mm。在以上条件下，光辐射引起的光纤附加损耗可以忽略，若光纤的弯曲小于最小弯曲半径，附加损耗则急剧增加。

(4)温度特性

光纤本身具有良好的温度特性。光缆温度特性主要取决于光缆材料的选择及结构的设计，采用松套管二次被覆光纤的光缆温度特性较好。温度变化时，光纤损耗增加，主要是由于光缆材料(塑料)的热膨胀系数比光纤材料(二氧化硅)大2～3个数量级，在冷缩或热胀过程中，光纤受到应力作用而产生的。在我国，对光缆使用温度的要求，一般在低温地区为－40～＋40 ℃，在高温地区为－5～＋60 ℃。

知识点四　通信电缆的结构、类型及特性

1. 通信电缆的分类及用途

通信电缆的用途：构成传递信息的通道，形成四通八达的通信网络。通信电缆可按敷设和运行条件、传输频谱、芯线结构、绝缘材料和绝缘结构及护层类型等几个方面来分类：

(1)根据敷设和运行条件可分为：架空电缆、直埋电缆、管道电缆及水底电缆等。

(2)根据传输频谱可分为：低频电缆(10 kHz以下)和高频电缆(12 kHz以上)等。

(3)根据芯线结构可分为：对称电缆和不对称电缆。对称电缆指构成通信回路的两根导线的对地分布参数(主要指对地分布电容)相同的电缆，如对绞电缆。不对称电缆是指构成通信回路的两根导线的对地分布参数不同，如同轴电缆。

(4)根据绝缘材料和绝缘结构分为：实心聚乙烯电缆、泡沫聚乙烯电缆、泡沫/实心皮聚乙烯绝缘电缆及聚乙烯垫片绝缘电缆等。

(5)根据电缆护层的种类可以分为：塑套电缆、钢丝钢带铠装电缆、组合护套电缆等。

2. 全塑电缆的结构

通信电缆经过上百年的发展，工艺及技术非常成熟，目前在铁路通信中，使用最多的是全

塑电缆。全塑电缆是指电缆的芯线绝缘层、缆芯包带层、扎带和护套均采用高分子聚合物——塑料制成的电缆。全塑电缆具有电气性能优良、传输质量好、重量小、故障少、维护方便、造价低、经济实用、效率高和寿命长等特点。

全塑电缆由芯线(导线)、绝缘层、内衬层、屏蔽层和外护层组成,如图1-2-24所示。

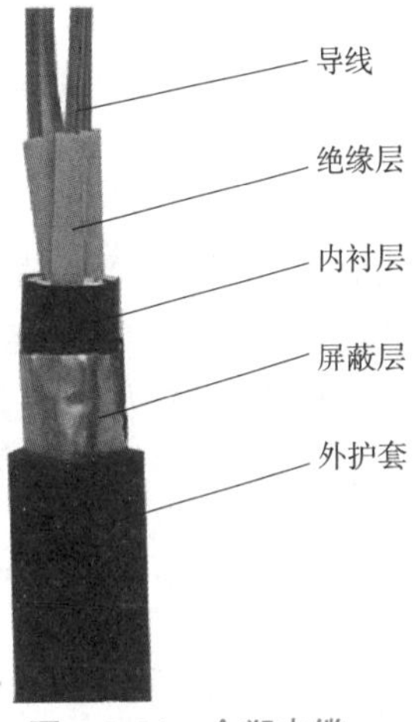

图1-2-24　全塑电缆

(1)芯线

芯线是用来传输电信号的。芯线要具有良好的导电性能、足够的柔软性和机械强度,同时还要便于加工、敷设和使用。芯线的线质为电解软铜,铜线的线径主要有0.32 mm、0.4 mm、0.5 mm、0.6 mm、0.8 mm五种。芯线的表面应均匀光滑,没有毛刺、裂纹、伤痕和锈蚀等缺陷。

(2)芯线的绝缘

芯线绝缘层的作用是保证芯线间及芯线与护层间具有良好的绝缘性能,一般是在每根导线外包裹一层不同颜色的绝缘物,绝缘物主要采用聚烯烃塑料(高密度的聚乙烯、聚丙烯或乙烯—丙烯共聚物等高分子聚合物)或者聚氯乙烯塑料。全塑电缆的芯线绝缘形式分为实芯绝缘、泡沫绝缘、泡沫/实芯皮绝缘,如图1-2-25所示。由绝缘层形成原则可知,三种绝缘形式的绝缘效果最好的是泡沫/实芯皮绝缘,最差的是实芯绝缘,它们均能满足电话通信的需求。

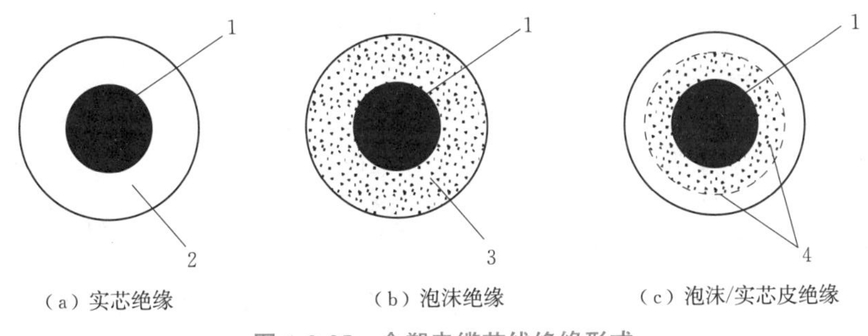

图1-2-25　全塑电缆芯线绝缘形式

1—金属导线;2—实芯聚烯烃绝缘层;3—泡沫聚烯烃绝缘层;4—泡沫/实芯皮聚烯烃绝缘层。

①实芯绝缘特点是耐电压性、机械性和防潮性能好,加工方便。此种绝缘方式适用于架空电缆和要求张力较大的场合,是使用量最多、应用范围最广的一种电缆。

另外,聚氯乙烯只有实芯绝缘结构,其阻燃性较好,适用于成端电缆。

②泡沫绝缘是在发泡剂的作用下挤制而成的,绝缘层中有封闭气泡形式的微型气塞,形成空气—塑料复合绝缘,发泡的作用在于降低绝缘层的含塑量,空气在干燥条件下是最好的绝缘体。

与实芯绝缘相比,在相同外径电缆中可提高容量20%左右。这种电缆目前主要用于大对数中继电缆和高频信号的传输。有时为使填充石油膏电缆不增大外径而又具有与不填充石油膏电缆相同的传输效果,也采用泡沫绝缘。

③泡沫/实芯皮绝缘共有两层,内层靠近导线部分为泡沫层,外层即表层为实芯塑料皮层,厚度约为0.05 mm,其具有独特优点:耐电压强度高,绝缘芯线在水中的平均击穿电压可达6 kV;由于实芯塑料皮的作用可防止或减少各种填充剂的渗透,用在填充石油膏电缆中较理想。

(3)芯线扭绞

全塑市内通信电缆线路为双线回路,必须构成线对(或四线组),为了减少线对之间的电磁耦合,提高线对之间的抗干扰能力,便于电缆弯曲和增加电缆结构的稳定性,线对(或四线组)应当进行扭绞。扭绞是将一对线的两根导线或一个四线组的四根导线均匀地绕着同一轴线旋转,电缆芯线沿轴线旋转一周的纵向长度称为扭绞节距。

芯线扭绞常用对绞和星绞两种。对绞是把两根导线扭绞到一起成为一对,一根为 a 线,另一根为 b 线;星绞是把四根导线扭绞到一起成为一组,四根线分别为 a、b、c、d,如图 1-2-26 所示。芯线扭绞成对(或组)后,再将若干对(或组)按一定规律绞合(绞缆)成为缆芯。

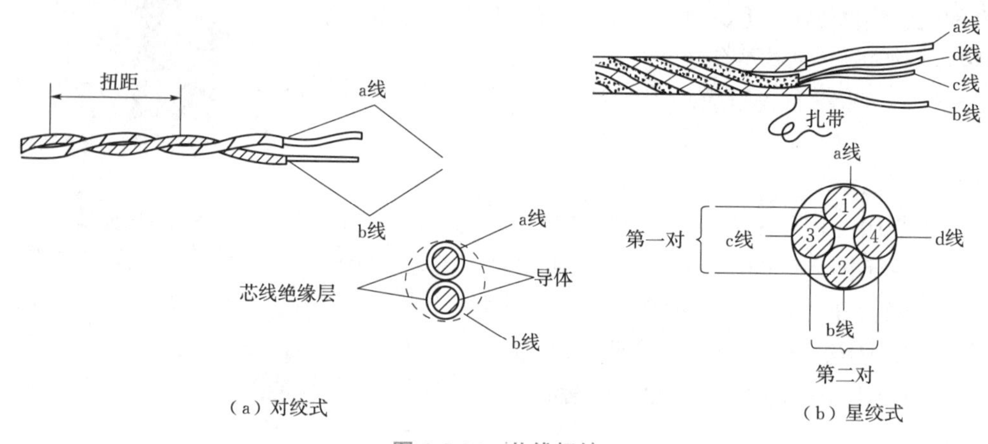

图 1-2-26　芯线扭绞

(4)缆芯包带

在绞缆完成后,为保证缆芯结构的稳定性,必须在缆芯外面重叠绕包或纵包一两层缆芯包带作为缆芯包层,然后再用非吸湿性的扎带疏扎牢固。

缆芯包带通常采用聚酯、聚丙烯、聚乙烯或尼龙等制成的复合材料,这种复合材料要求具有介电性、隔热性、非吸湿性,一般为白色。

缆芯包层的作用是保证缆芯在加屏蔽层和挤压塑料护套及在使用过程中不会遭到损伤、变形或粘接。

(5)屏蔽层

屏蔽层的主要作用是防止外界电磁场的干扰。电缆缆芯的外层包覆金属屏蔽层,使缆芯和外界隔离,发挥屏蔽功能。用轧纹(或不轧纹)双面涂塑铝带纵包于缆芯包带之外,两边搭接黏合。涂塑铝带的标称厚度为 0.15～0.2 mm,涂塑层的标称厚度为 0.04～0.05 mm。屏蔽层具有抗潮、增强机械强度的特点。

(6)护套

护套包在屏蔽层(或缆芯包带层)的外面,其材料主要采用高分子聚合物塑料,加工方便、质轻柔软、容易接续,护套不能有孔洞、裂缝、气泡或其他缺陷。

护套的一种材料采用低密度聚乙烯树脂加炭黑和抗氧化剂制成,防潮性能和机械强度较好,耐腐蚀,能承受日光暴晒。目前用这种材料的护套使用最广泛,能适应各种敷设方式和应用环境。

护套的另一种材料是普通聚氯乙烯塑料,具有耐磨、阻燃、柔软等特点,是发展应用较早的一种护套。

(7)外护套

特殊情况下,为了抗机械损伤,提高电缆的机械强度,防止鼠类及昆虫的破坏,护套外加外护层,并将外护层做成铠装层。外护套能保护电缆的缆芯不受潮气、水分的侵害,起到密封和机械保护的作用。

3. 全塑电缆的端别

普通色谱对绞式市话电缆一般不做 A、B 端规定。为了保证电缆布放和接续质量,全塑全色谱市内通信电缆规定了 A、B 端。

全色谱对绞单位式全塑市话电缆 A、B 端的区分为:面向电缆端面,按单位序号由小到大顺时针方向依次排列,则该端为 A 端;按单位序号由小到大逆时针方向依次排列,这一端为 B 端。

全塑市内通信电缆 A 端用红色标志,又叫内端,伸出电缆盘外,常用红色端帽封合或用红色胶带包扎,规定 A 端面向通信局(站);B 端用绿色标志,又叫外端,紧固在电缆盘内,常用绿色端帽封合或用绿色胶带包扎,规定 B 端面向用户。另外,还可以根据电缆扎带色谱的排列分辨 A、B 端。

(1)以星式单位扎带色谱来说,白、红、黑、黄、紫,顺时针方向旋转为 A 端,逆时针方向旋转为 B 端。

(2)以基本单位扎带色谱来说,白蓝、白橘、白绿、白棕、白灰、红蓝、红橘……顺时针方向旋转为 A 端,逆时针方向旋转为 B 端。

(3)红头、绿尾色谱的电缆,红色扎带单元为本线束层的第一单元,绿色扎带单元为本线束层的最末单元,顺时针方向旋转为 A 端,逆时针方向旋转为 B 端。

【任务实施】

按照本组分析、讨论、归纳的结果生成任务报告单。

任务报告单

实施人员信息			
姓名		学号	
组别		组内承担任务	
序号	任务名称	任务报告	
1	光缆选择	选择海底光缆的要求: 选择管道光缆的要求:	
2	电缆端别确定	A 端特征: B 端特征:	

【任务考核】

1. 典型光纤由几部分组成?各部分的作用是什么?
2. 工程应用中,如何识别光缆的型号?
3. 简述全塑电缆的结构。

【考核评价】

总结评价(学生完成)			
任务总结			
任务实施情况			
1. 任务是否按计划时间完成? 2. 相关理论完成情况。 3. 任务完成情况。 4. 语言表达能力及沟通协作情况。 5. 参照通信工程项目作业程序、国家标准对整个任务实施过程、结果进行自评和互评			
学生自评(A/B/C)	组内互评(A/B/C)	小组评价(A/B/C)	总等级(A/B/C)

注:A优秀,B合格,C不合格

考核评价表(教师完成)					
学号		姓名		考核日期	
任务名称	通信传输线路认知			总等级	
任务考核项	考核等级	考核点			等级
素养评价	A/B/C	A:能够完整、清晰、准确地回答任务考核问题。 B:能够基本回答任务考核问题。 C:基础知识掌握差,任务理解不清楚,任务考核问题回答不完整			
知识评价	A/B/C	A:熟悉任务的实施步骤,独立完成任务,有能力辅助其他同学完成规定的工作任务,实施快速,准确率高。 B:基本掌握各个环节实施步骤,有问题能够主动请教其他同学,基本完成规定的工作任务,准确率较高。 C:未完成任务或只完成了部分任务,有问题没有积极向其他同学请教,工作实施拖拉、不积极,各个部分的准确率差			
能力评价	A/B/C	A:不迟到、不早退,对人有礼貌,善于帮助他人,积极主动完成规定工作任务,笔记完整整洁,回答老师提问完全正确。 B:不迟到、不早退,在教师督导和他人辅导下,能够完成规定工作任务,回答老师提问较准确。 C:未完成任务或只完成了部分任务,有问题没有积极向其他同学请教,工作实施拖拉、不积极,不能准确回答老师提出的问题			

任务二　通信线路工程认知

通信线路是指承担通信设备间数据、语音、信号等信息传送任务的传输链路及相关设施，保证信息传递的通路。因此，了解通信线路、通信工程对于保障通信网络的安全起着极为重要的作用。

【任务单】

任　务　单			
任务名称	通信线路工程认知		
任务类型	讲授课	**实施方式**	老师讲解、分组讨论、案例学习
面向专业	通信相关专业	**建议学时**	1学时
任务实施重难点	重点：通信工程概念。 难点：通信线路分类及特点		
任务目标	1. 掌握通信线路分类。 2. 熟知通信线路技术特点。 3. 掌握通信工程的施工业务流程。 4. 了解通信系工程的分类。 5. 了解通信工程的岗位		

【任务学习】

知识点一　通信线路基础

通信就是信号（包括光信号、电磁波、颜色和声音等信号）从发送端通过某种媒介到达接收端并被有效接收的物理过程，这个过程中传输信号的媒介就是通信线路。有线通信线路的传输方式经历了从架空明线、对绞式市话电缆、长途对称电缆、小同轴电缆、中同轴电缆、大同轴电缆到多模光纤光缆、单模光纤光缆的历程。通信线路敷设方式经历了从架空、直埋（包括水底敷设）到通信管道、气吹光缆硅芯管道的过程。

随着我国信息化建设步伐进一步加快，我们相信通信线路还将有巨大的发展。通信线路的本质是建立端到端的物理连接，如何能更快速、更灵活、更经济地建立一个信号传输损耗更低、距离更远、信息量更大的端到端连接系统，是通信线路工程需要考虑的问题。

知识点二　通信线路的分类及其特点

1. 按结构分类

通信线路按其结构进行分类，可分为架空明线、通信电缆、通信光缆。

架空明线是沿线路每隔 50 m 左右立电杆一根，上装木担（或铁担）螺脚和隔电子。把导线绑扎在隔电子上，一根电杆上可架设20对线。

通信电缆是将互相绝缘的芯线经过扭绞制成导线束——缆芯，再经过压铅后制成光皮电缆，如加铠装则成为铠装电缆。目前市话电缆普遍采用全塑电缆。

通信光缆是采用适当的方式将所需条数的光纤(玻璃纤维)束合成光缆。

2. 按敷设方式分类

通信线路按敷设方式进行分类，可分为架空光(电)缆、直埋(包括水底)光(电)缆、管道敷设光(电)缆。

架空光(电)缆是通过挂钩将光(电)缆架挂在电杆间或墙壁的钢绞线上；自承式光(电)缆也属于架空光(电)缆。

直埋光(电)缆是将光(电)缆直接埋设在土壤中。

水底光(电)缆是跨越江河时，一般将钢丝铠装光(电)缆敷设在水底。跨海的通信光(电)缆敷设在海底，称为海底光(电)缆。

管道敷设光(电)缆是通过人(手)孔将光(电)缆穿放入管道中。

3. 按业务区域分类

通信线路按其业务的区域进行分类，可分为市内电话线路(本地网)和长途通信线路。

市内电话线路是在一个城市范围内连接所有用户与市话局的线路设备。

长途通信线路是两个或多个城市之间相连接的线路设备。省内长途通信线路称为二级干线，跨省、自治区、直辖市的长途通信线路称为一级干线。

知识点三　通信线路技术的特点

通信线路技术与其他通信技术相比有如下特点：

(1)在整个通信系统中占投资的比重较高。

(2)经济性比较强。

(3)通信局(站)所规划方案的抉择涉及长期发展使用，在运营和建设中十分重要。

(4)涉及外单位的联系比较多，与沿途各行业规划密切相关；易受居民区域分布、城市规划等人为因素的制约。

(5)跨通信以外学科比较多；工程作业环境既有室内也有室外和野外，甚至在高空和水下；作业分布不是线形，涉及面广；设备安装受自然环境、位置等条件限制。

(6)采用的技术措施在不同地区及不同的地理、气候环境和地质条件会有所不同。

知识点四　通信工程

1. 通信工程的分类

通信工程根据项目类型或投资金额的不同，可划分为一类工程、二类工程、三类工程和四类工程。每类工程对设计单位和施工企业级别都有严格的规定，不允许级别低的单位或企业承建高级别的工程。

(1)按建设项目划分

①一类工程：大、中型项目或投资在5 000万元以上的通信工程项目；省际通信工程项目；投资在2 000万元以上的部定通信工程项目。

②二类工程：投资在2 000万元以下的部定通信工程项目，省内通信干线工程项目；投资

在 2 000 万元以上的省定通信工程项目。

③三类工程:投资在 2 000 万元以下的省定通信工程项目;投资在 500 万元以上的通信工程项目,地市局工程项目。

④四类工程:县局工程项目,其他小型项目。

(2)按项目建设范围划分

①一般施工项目(合作施工项目):一般施工项目是指按照单独的设计文件,单独进行施工的通信项目建设工程。一般施工项目通常是雇主与施工队伍相互配合、协作,施工团队根据雇主的设计文件进行施工。

②交钥匙工程(turnkey 项目):交钥匙工程是指包括规划、设计、生产、线缆建设、基础建设(机房、环境建设)、配套建设、系统集成等通信施工中所有工作的工程。在工程施工过程中,雇主基本上不参与工作,建设方在施工结束之后,"交钥匙"时,提供一个配套完整、可以运行的设施。

2. 通信工程的岗位

整个通信工程需要不同的岗位技术人员共同配合,才能够顺利完成。下面介绍与通信工程施工相关的工作岗位。

(1)线缆施工技术人员

线缆施工技术人员是从事建设、连接、维护通信系统中的各种线缆的工作人员,其工作范围包括用户电缆、光缆、同轴电缆,以及在通信工程中使用到的其他线缆的连接敷设等工作。

线缆施工是通信工程中的基础部分,通过线缆才能够让各个通信系统从设备(通信局)侧到终端(用户)侧,也才能让各个单独的通信局点成为通信网络,否则通信网络将变成断点。因此,线缆施工技术人员的岗位十分重要。

(2)通信工程监理

监理是一种有偿的工程咨询服务,是受项目法人委托对工程质量、进度、施工材料等进行监督的一种工作。通信工程监理则主要是在通信工程的线缆、管道等施工中根据法律、法规、技术标准、相关合同及文件对通信工程中的施工材料、施工质量、施工进度进行监控的工作岗位。

(3)通信工程师

通信工程师是从事工程中主要工作的技术人员,根据不同的工作内容,可以分为勘测工程师、设计工程师、安装工程师、调测工程师、开通工程师等。

(4)工程督导

工程督导是在工程中负责所有工程现场技术方面的指导及管理工作的工程技术管理人员。

(5)工程项目经理

工程项目经理是指计划、指导和协调与工程相关的活动及进行相关领域的研究和开发的管理人员。

3. 通信工程的施工业务流程

通信工程的施工业务流程即在整个通信工程项目运作中,一个工程师或一个工程项目组所需要完成的工作的流程、环节。通过掌握施工业务流程,我们可以清楚地了解到在通信工程项目之中包含的各个工作环节及各个工作环节的主要内容,如图 1-2-27 所示。

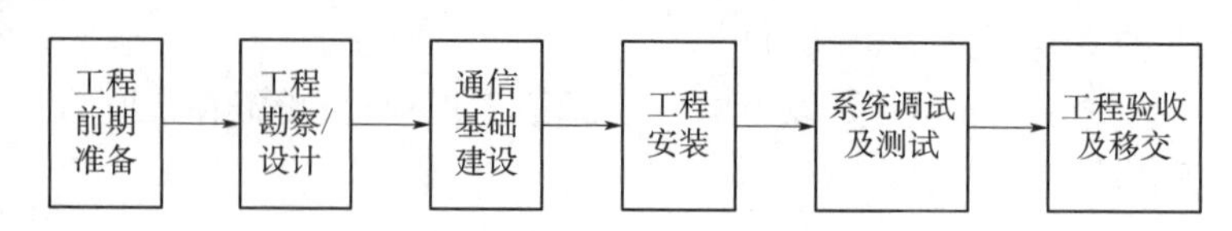

图 1-2-27　通信工程的施工业务

(1)工程前期准备

①成立项目组

只有合格的团队,才能建设合格的工程项目。在工程初期,任命项目经理、工程经理及项目组内的项目工作人员,是工程前期一项必要的准备工作。

②前期准备

前期准备是一个工程师或一个项目组,在工程项目开始前需要进行的技术、资料、人员、配合等各个方面的准备。

(2)工程勘察/设计

工程勘察/设计包括工程勘察及第一次环境检查和工程设计。

(3)通信基础建设

通信基础建设包括防雷接地工程、机房环境建设和第二次环境检查。

(4)工程安装

工程安装包括设备到场、召开开工协调会、开箱验货、硬件安装、硬件质量检查和上电检查等环节。

(5)系统调试及测试

系统调试及测试包括软件调试和系统测试。

(6)工程验收及移交

工程验收及移交包括验收申请、初验、现场培训、移交、开通及试运行、终验。

【任务实施】

按照本组分析、讨论、归纳的结果生成任务报告单。

任务报告单

实施人员信息			
姓名		学号	
组别		组内承担任务	
序号	任务名称	任务报告	
1	通信线路工程施工	描述业务流程:	

【任务考核】

1. 通信线路按其结构进行分类,可分为哪几类?
2. 通信工程的岗位有哪些?
3. 试述通信工程的施工业务流程。

【考核评价】

<table>
<tr><th colspan="4">总结评价(学生完成)</th></tr>
<tr><td colspan="4">任务总结</td></tr>
<tr><th colspan="4">任务实施情况</th></tr>
<tr><td colspan="4">1. 任务是否按计划时间完成?
2. 相关理论完成情况。
3. 任务完成情况。
4. 语言表达能力及沟通协作情况。
5. 参照通信工程项目作业程序、国家标准对整个任务实施过程、结果进行自评和互评</td></tr>
<tr><td>学生自评(A/B/C)</td><td>组内互评(A/B/C)</td><td>小组评价(A/B/C)</td><td>总等级(A/B/C)</td></tr>
<tr><td></td><td></td><td></td><td></td></tr>
<tr><td colspan="4">注:A优秀,B合格,C不合格</td></tr>
</table>

<table>
<tr><th colspan="6">考核评价表(教师完成)</th></tr>
<tr><td>学号</td><td></td><td>姓名</td><td></td><td>考核日期</td><td></td></tr>
<tr><td>任务名称</td><td colspan="3">通信线路工程认知</td><td>总等级</td><td></td></tr>
<tr><td>任务考核项</td><td>考核等级</td><td colspan="3">考核点</td><td>等级</td></tr>
<tr><td>素养评价</td><td>A/B/C</td><td colspan="3">A:能够完整、清晰、准确地回答任务考核问题。
B:能够基本回答任务考核问题。
C:基础知识掌握差,任务理解不清楚,任务考核问题回答不完整</td><td></td></tr>
</table>

续上表

任务考核项	考核等级	考核点	等级
知识评价	A/B/C	A:熟悉任务的实施步骤,独立完成任务,有能力辅助其他同学完成规定的工作任务,实施快速,准确率高。 B:基本掌握各个环节实施步骤,有问题能够主动请教其他同学,基本完成规定的工作任务,准确率较高。 C:未完成任务或只完成了部分任务,有问题没有积极向其他同学请教,工作实施拖拉、不积极,各个部分的准确率差	
能力评价	A/B/C	A:不迟到、不早退,对人有礼貌,善于帮助他人,积极主动完成规定工作任务,笔记完整整洁,回答老师提问完全正确。 B:不迟到、不早退,在教师督导和他人辅导下,能够完成规定工作任务,回答老师提问较准确。 C:未完成任务或只完成了部分任务,有问题没有积极向其他同学请教,工作实施拖拉、不积极,不能准确回答老师提出的问题	

通信线路工程施工

【情景】

伴随着“嗡隆隆”的轰鸣声，睡梦中的小明被扰醒了。他起身探出窗外，看到外面马路两边有挖掘机和卡车在工作，还有身穿防护服的工作人员手持铁锹等工具在施工，旁边空地上堆满了塑料管、钢管、钢筋混凝土管、光缆盘。小明陷入了沉思，这些管道工程是如何实施的？把线缆埋在管道里面需要怎样做？为什么选择这一路径？为什么是管道埋线缆？为什么不选择立杆架设？好多不解涌上心头。让我们一起走进通信线路工程施工的世界，帮小明解答疑惑。

项目一 架空工程施工

项目引入

随着我国通信网络与技术的快速发展，每年都有大量的通信光(电)缆线路工程建设，在我国的光(电)缆线路敷设总量中，架空光缆线路敷设量占有较高的比例。架空光缆线路因其具有建设速度快、投资低、效益好等优点而被广泛采用。例如，在部分城域网及广大农村地区会采用这种敷设方式。本项目带大家一起了解架空路由选择、吊线和拉线的安装及架空光缆的敷设。

项目目标

知识目标

1. 掌握架空杆路路由选择要求。
2. 掌握杆路测量方法。
3. 熟知吊线布放原则。
4. 掌握拉线制作方法。
5. 掌握架空杆路线缆敷设流程。

能力目标

1. 能够正确合理选择架空杆路路由位置。
2. 能够规范布放吊线。
3. 能够规范安装拉线。
4. 能够进行架空光缆敷设。

素养目标

1. 培养行业职业操守、职业精神及求真务实、专业敬业的工匠精神。
2. 能够理解并遵守本行业相关的国家标准、行业规范和安全操作规程。
3. 培养行业规则意识、安全意识和责任意识的职业素养。

项目描述

现有××架空光缆线路改迁工程施工图，如下图所示，建筑单位要求施工单位两个月内完成此项目，需新建架空线路 649 m，附挂本地网架空线路 1.2 km，新建杆路敷设 48 芯光缆 1 条，敷设 24 芯光缆 1 条，光缆中继段测试采用双窗口测试；线路割接后，需拆除原架空杆路 1.318 km(包括拆除所有电杆、拉线、吊线，拆除 48 芯光缆 1 条，拆除 24 芯光缆 1 条)。工程施工企业距离施工现场 36 km，施工环境为丘陵地区施工，在拐弯或者线路终端需要安装拉线。

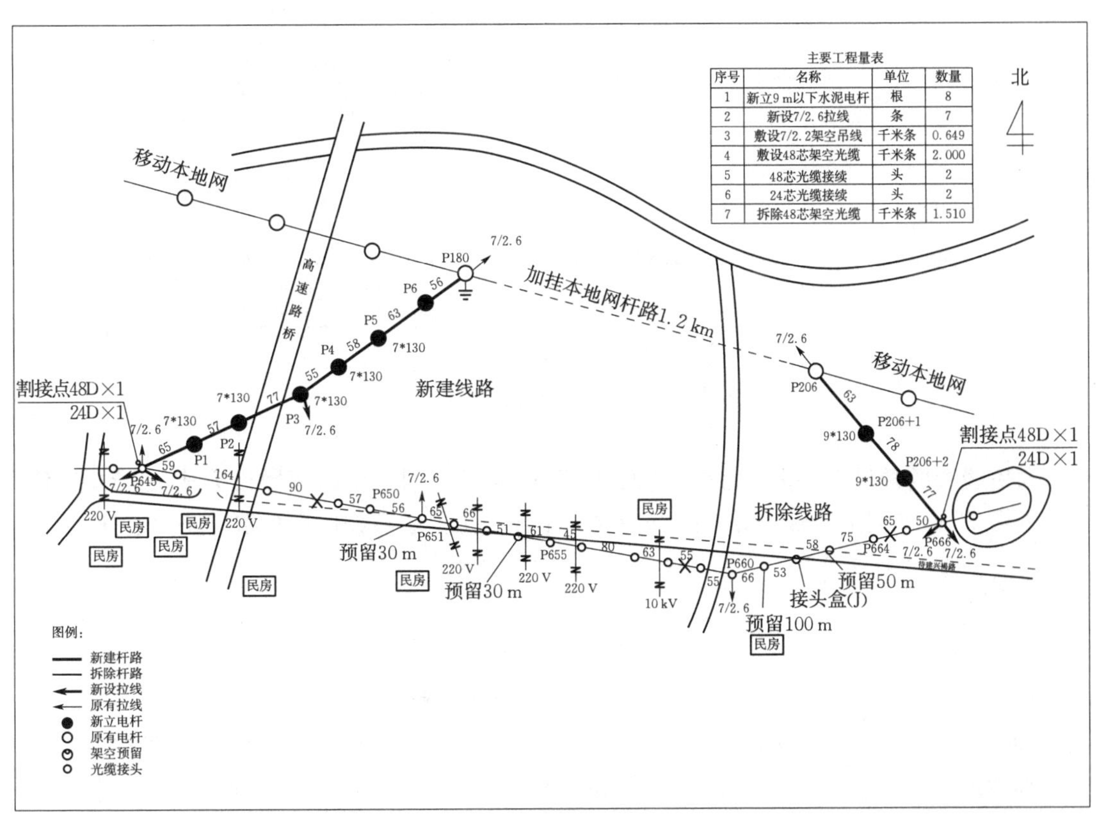

主要工程量表

序号	名称	单位	数量
1	新立9 m以下水泥电杆	根	8
2	新设7/2.6拉线	条	7
3	敷设7/2.2架空吊线	千米条	0.649
4	敷设48芯架空光缆	千米条	2.000
5	48芯光缆接续	头	2
6	24芯光缆接续	头	2
7	拆除48芯架空光缆	千米条	1.510

项目导图

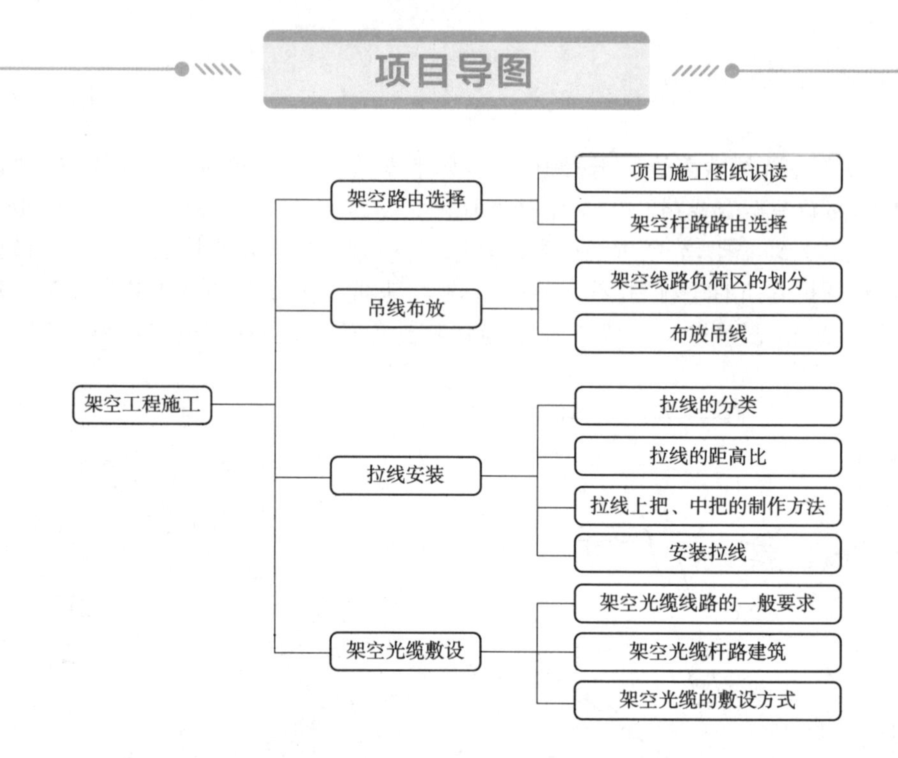

任务一　架空路由选择

通信线缆的敷设方式多种多样，有架空、管道、直埋(包括水底)等敷设方式，那么，在不同的工程场景下，如何进行敷设方式的选择呢？本任务主要学习如何进行架空路由选择。

【任务单】

任　务　单			
任务名称	架空路由选择		
任务类型	讲授课	实施方式	老师讲解、分组讨论、案例学习
面向专业	通信相关专业	建议学时	1学时
任务实施重难点	重点：架空杆路路由选择要求。 难点：能够正确合理选择架空杆路路由位置		
任务目标	1. 能够正确识读架空杆路工程图纸。 2. 掌握架空杆路工程路由选择的原则		

【任务学习】

知识点一　项目施工图纸识读

1. 通信工程图纸介绍

通信工程图纸是在对施工现场仔细勘察和认真收集资料的基础上，通过图形符号、文字

符号、文字说明及标注来表达具体工程性质的一种图纸。它是通信工程设计的重要组成部分,是指导施工的主要依据。通信工程图纸里面包含了路由信息、设备配置安放信息、技术数据、主要说明等内容。

2. 架空线路工程图纸的组成

通信架空线路工程图纸一般由中继段杆路图、线路沿线路由主要参照物、工程图例、路由标注、工程说明、主要工程量表、图纸图签、图框、指北针等构成,如图 2-1-1 所示。

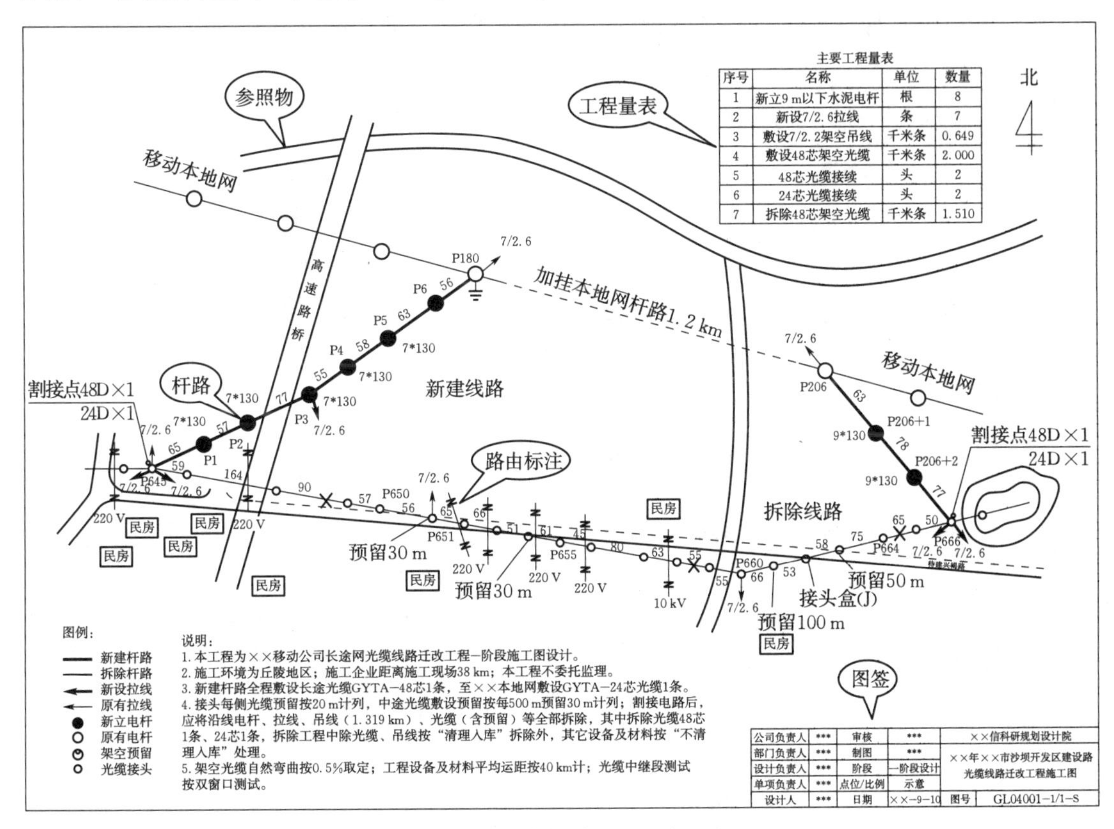

图 2-1-1　架空线路迁改工程图纸

各组成部分的绘制要求如下：

(1)中继段杆路图:标明中继段名称、AB 站名、光缆敷设方式、接头编号、杆路杆号、杆线转角拉线、杆路间距等。

(2)路由主要参照物:应标明线路沿线所属乡镇村庄、道路名称;医院、学校、工厂等主要建筑物;河流、桥梁、森林、池塘、田地、丘陵、山地等地形地貌;输电线、其他运营商通信线路等“三线交越”信息。

(3)路由标注:标明终端、中间预留情况;接头点位置、引上引下保护、敷设钢管型号及方式;短距离直埋及路由保护;跨路杆高、拉线及吊线程式;分歧点及其他线向;是否有其他类似线路平行敷设;与高压输电线交越处。

(4)主要工程量表:反映本工程的施工测量类工程量、杆路建筑类工程量、缆线敷设类工程量、工程接续与测试类工程量等,通过主要工程量表可以了解工程项目的投资规模大小情况。

(5)工程图例:应标明电杆的种类(木杆/水泥杆)、拉线的类别(新设/拆除)、线路的建设性质(新建杆路/原有杆路/拆除杆路)、中间预留点、接头点等信息。

(6)工程说明:一般是反映工程的概况(即对技术交底的内容给予必要说明)。如工程图纸的设计深度类别、施工地区类别、施工企业距离施工现场的距离、改迁工程迁改前后的线路情况、光缆测试的要求等。

3. 常用的通信线路图形符号

通信工程图纸是通过图形符号、文字符号、文字说明及标注表达,为了读懂图纸就必须了解和掌握图纸中各种图形符号、文字符号的所代表的含义。通信线路工程中常用图形符号见表 2-1-1。

表 2-1-1　通信线路工程常见图形符号表

图形符号	名称	图形符号	名称
B6	基站		房屋建筑
	山脉		铁路
	河流		桥梁
	湖塘		跨过铁路的桥梁
	高地		铁路下的桥梁
	堤岸		城墙
	凹地		农田
	沼泽地		树木
	房屋		深沟水渠
7/2.6 50 50 P25	角杆拉线	终结—2 7/2.6 50 7/2.6 50	终结杆-2
50 7/2.2 50 7/2.2	人字拉线	终结—1 7/2.6 50	终结杆-1
50 7/2.2 50 7/2.6 7/2.6 7/2.2	四方拉线	50 50	接地保护
50 50	撑杆	50 50	电力保护

图形符号	名称
	新增 7 m 杆
8 m	新增 8 m 杆
	原有杆
	电力杆
电	电信杆
联	联通杆
移	移动杆
网	联通杆
	联通杆
P_{LL12}	新增杆号
(P123)	原有杆号
50	杆距
	利旧吊线
	新设吊线
7/2.6	新增 7/2.6 拉线
7/2.2	新增 7/2.2 拉线
7/2.6	原有 7/2.6 拉线
7/2.2	原有 7/2.2 拉线
	电力线
	撑杆
	接地
人民路	大路
	小路
接×××图	接图标
A A'	接图标
安装1铆钉引上保护钢管2 m 安装1铆钉引上保护钢管1 m $\phi12$	引上

知识点二　架空杆路路由选择

架空杆路应选择地质稳固、地势起伏变化少的山区和丘陵地区。架空光缆路由应选择距离公路边界 15～50 m，靠近铁路时应在铁路路界红线外。遇到障碍物时可适当绕避，但距离公路不宜超过 200 m。避开坑塘、打麦场、加油站等潜在隐患位置，一般情况下应不选择或少选择下列地点：

(1)尽量避免长距离与电力杆路平行，并避开或远离输变电站和易燃易爆的油气站。

(2)尽量避开易滑坡(塌方)的新开道路路肩边和斜坡、陡坡边，以及易取土、易水冲刷的山坡、河堤、沟边等。

(3)尽量避开易发生火灾的树木、森林和草丛茂盛的山地。

(4)尽量避开易开发建设的经济开发区、新道路规划、市政设施规划、农村自建房用地等范围。在测量前和测量后，一定要征求当地村镇相关部门、村民意见。

(5)尽量避免多条干线光缆同杆路、同吊线，确实无法避免多条干线同路由时，应选择不同的吊线进行敷设。

【任务实施】

按照本组分析、讨论、归纳的结果生成任务报告单。

任务报告单

<table>
<tr><td colspan="4">实施人员信息</td></tr>
<tr><td>姓名</td><td></td><td>学号</td><td></td></tr>
<tr><td>组别</td><td></td><td>组内承担任务</td><td></td></tr>
<tr><td>序号</td><td>任务名称</td><td colspan="2">任务报告</td></tr>
<tr><td>1</td><td>识读通信线路项目工程图纸</td><td colspan="2">对照图纸正确识读数量：
正确率：
易错符号：</td></tr>
<tr><td>2</td><td>画出常用的通信线路图像符号</td><td colspan="2">画图：</td></tr>
<tr><td>3</td><td>架空杆路路由选择</td><td colspan="2">选择原则：</td></tr>
</table>

【任务考核】

1. 正确识别常用的通信线路图形符号。
2. 哪些地点不宜作为设置架空杆路工程的施工地点？

【考核评价】

<table>
<tr><th colspan="4">总结评价(学生完成)</th></tr>
<tr><td colspan="4">任务总结</td></tr>
<tr><th colspan="4">任务实施情况</th></tr>
<tr><td colspan="4">1. 任务是否按计划时间完成?
2. 相关理论完成情况。
3. 任务完成情况。
4. 语言表达能力及沟通协作情况。
5. 参照通信工程项目作业程序、国家标准对整个任务实施过程、结果进行自评和互评</td></tr>
<tr><td>学生自评(A/B/C)</td><td>组内互评(A/B/C)</td><td>小组评价(A/B/C)</td><td>总等级(A/B/C)</td></tr>
<tr><td></td><td></td><td></td><td></td></tr>
<tr><td colspan="4">注:A 优秀,B 合格,C 不合格</td></tr>
</table>

<table>
<tr><th colspan="6">考核评价表(教师完成)</th></tr>
<tr><th>学号</th><td></td><th>姓名</th><td></td><th>考核日期</th><td></td></tr>
<tr><th>任务名称</th><td colspan="3">架空路由选择</td><th>总等级</th><td></td></tr>
<tr><th>任务考核项</th><th>考核等级</th><th colspan="3">考核点</th><th>等级</th></tr>
<tr><td>素养评价</td><td>A/B/C</td><td colspan="3">A:能够完整、清晰、准确地回答任务考核问题。
B:能够基本回答任务考核问题。
C:基础知识掌握差,任务理解不清楚,任务考核问题回答不完整</td><td></td></tr>
<tr><td>知识评价</td><td>A/B/C</td><td colspan="3">A:熟悉任务的实施步骤,独立完成任务,有能力辅助其他同学完成规定的工作任务,实施快速,准确率高。
B:基本掌握各个环节实施步骤,有问题能够主动请教其他同学,基本完成规定的工作任务,准确率较高。
C:未完成任务或只完成了部分任务,有问题没有积极向其他同学请教,工作实施拖拉、不积极,各个部分的准确率差</td><td></td></tr>
<tr><td>能力评价</td><td>A/B/C</td><td colspan="3">A:不迟到、不早退,对人有礼貌,善于帮助他人,积极主动完成规定工作任务,笔记完整整洁,回答老师提问完全正确。
B:不迟到、不早退,在教师督导和他人辅导下,能够完成规定工作任务,回答老师提问较准确。
C:未完成任务或只完成了部分任务,有问题没有积极向其他同学请教,工作实施拖拉、不积极,不能准确回答老师提出的问题</td><td></td></tr>
</table>

任务二　吊线布放

架空光(电)缆采用吊线托挂即吊挂式,目前国内架空光(电)缆多采用这种形式。本任务主要学习如何进行吊线布放。

【任务单】

<table>
<tr><th colspan="5">任　务　单</th></tr>
<tr><td>任务名称</td><td colspan="4">吊线布放</td></tr>
<tr><td>任务类型</td><td>讲授课</td><td>实施方式</td><td colspan="2">老师讲解、分组讨论、案例学习</td></tr>
<tr><td>面向专业</td><td>通信相关专业</td><td>建议学时</td><td colspan="2">2 学时</td></tr>
<tr><td>任务实施
重难点</td><td colspan="4">重点:吊线的布放。
难点:吊线的接续与终结</td></tr>
<tr><td>任务目标</td><td colspan="4">1. 掌握架空线路负荷区划分的方法。
2. 能够进行中间杆吊线的固定。
3. 能够进行角杆吊线的固定。
4. 能够进行吊线的接续。
5. 能够进行吊线的终结</td></tr>
</table>

【任务学习】

知识点一　架空线路负荷区的划分

架空线路架设于野外,暴露在自然环境中,除线路本身自重外,还要负担风、冰、温度影响而增加的负载。因此,为使线路建筑安全稳固又经济合理,线路建筑的强度等级按自然条件的不同,采用不同的建筑强度等级,划分不同的气象负荷区。线路负荷区的划分应以平均 10 年出现一次最大冰凌厚度(缆线上)、风速和最低气温等条件为根据,划分标准见表 2-1-2。

表 2-1-2　架空杆路负荷划分的气象条件

气象条件	轻负荷区	中负荷区	重负荷区	超重负荷区
吊线上冰凌等效厚度(mm)	≤5	≤10	≤15	≤20
结冰时最大风速(m/s)	10	10	10	10
结冰时温度(℃)	−5	−5	−5	−6
无冰时最大风速(m/s)	25	25	25	25

知识点二　布放吊线

当缆线到达终端局(站)或线路改变敷设方式(如直埋、水底、管道)时,吊线要进行终结。吊线终结的电杆叫作终端杆,终端杆的吊线固定叫作吊线终结。吊线终结和吊线接续的方法一样,有卡固法、夹板法和另缠法三种方法。

1. 吊线固定

(1)线缆吊线布放前，应装好吊线固定物，吊线应用三眼单槽夹板固定在电杆或吊线杆上；按先上后下、先难后易的原则确定吊线的方位；一条吊线必须在杆路的同一侧，不能左右跳；原则上架设第一条吊线时，吊线宜选择在人行道一侧或有建筑物的一侧。吊线夹板在电杆上的位置宜与地面等距，坡度变化不宜超过杆距的 2.5%，特殊情况不宜超过杆距的 5%。

(2)吊线夹板至杆梢的距离一般不小于 50 cm，如遇特殊情况，可略微缩短，但不得少于 25 cm，各电杆上吊线夹板装设高度应力求一致，如遇有障碍物或上下坡时，可适当调整。

(3)布放线缆吊线时，发现吊线有跳股、扭绞和松散等有损吊线机械强度的伤、残，应剪除，剪除后重新接续再行布放。

(4)架设的吊线，在一档杆内不得有一个以上的接头。

(5)吊线必须置于吊线夹板的线槽中，夹板线槽必须置于上方。

(6)吊线夹板唇口应向电杆或支持物；角杆的夹板唇口应背向吊线的合力方向。

(7)吊线收紧后，对于角杆上的吊线，应根据角深的大小加装吊线辅助装置；角深为 5～10 m 时(偏转角 20°～40°)加装吊线辅助装置；角深为 10～15 m(偏转角 20°～60°)时，木杆加装吊线辅助装置如图 2-1-2 所示，水泥杆加装吊线辅助装置如图 2-1-3 所示；角深大于 15 m 时，要做吊线终结并安装双条拉线。

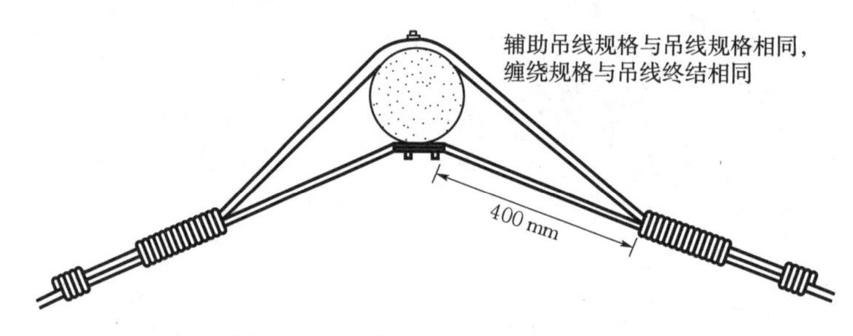

图 2-1-2 另缠法木杆角杆辅助装置

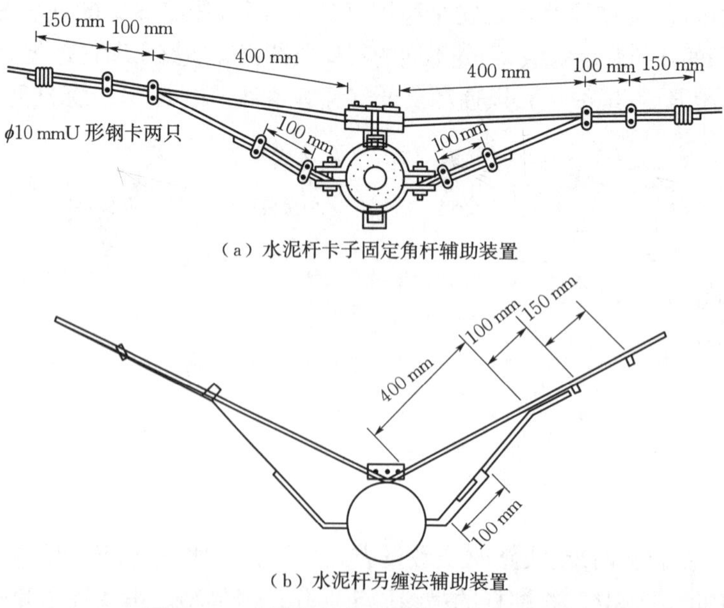

(a) 水泥杆卡子固定角杆辅助装置

(b) 水泥杆另缠法辅助装置

图 2-1-3 水泥杆加装吊线辅助装置示意图

(8)中间杆吊线的固定

在木杆上,吊线的中间杆上一般用穿钉和三眼单槽夹板固定。在水泥电杆上,吊线在中间杆上一般用吊线抱箍和三眼单槽夹板固定。在同一电杆上装设两层吊线时,两吊线间距离为 400 mm,如图 2-1-4(a)、(b)所示。在电杆上放设第一条吊线时,除特殊情况外,吊线夹板应装在面向人行道的一侧。吊线夹板的线槽朝上,在直线杆上吊线夹板唇口应面向电杆或支持物,外露丝扣 10～50 mm,如图 2-1-4(c)所示。

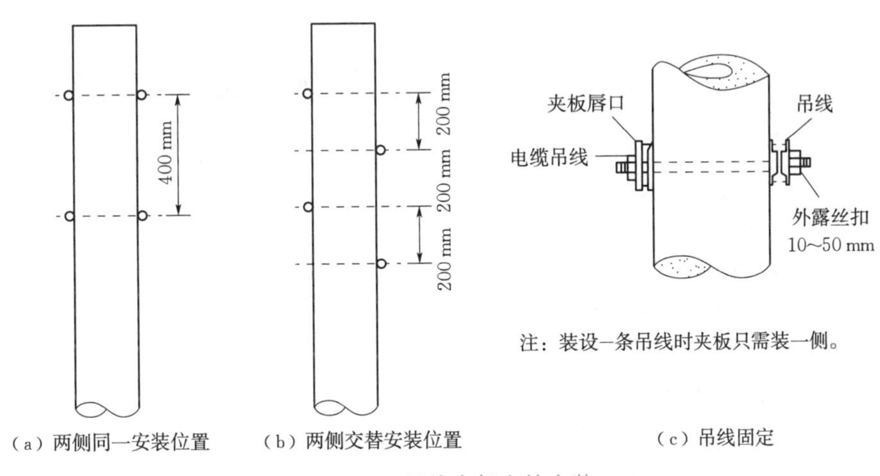

图 2-1-4 吊线在杆上的安装

2. 吊线接续

吊线接续可采用另缠法、夹板法或钢绞线卡子法,但衬环两端必须采用同一种方法接续。

(1)另缠法吊线接续方法的吊线接头如图 2-1-5 所示。

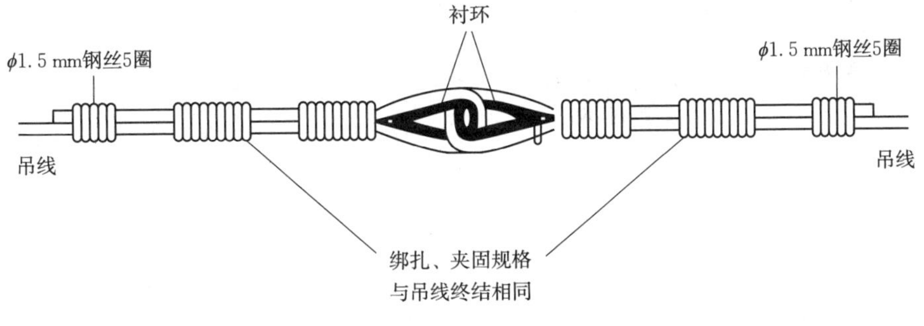

图 2-1-5 吊线接头示意图

(2)夹板法

采用双眼双槽夹板接续吊线。夹板程式应与吊线相适应,7/2.6 及以下的吊线用一副三眼双槽夹板,其夹板线槽的直径应为 7 mm;7/3.0 吊线应采用两副三眼双槽夹板,夹板线槽的直径为 9 mm,夹板的螺母必须拧紧,无滑丝现象。

(3)钢绞线卡子法

此法采用 10 mm 的 U 形钢线卡子(必须附弹簧垫圈)代替三眼双槽夹板,将钢绞线夹住。

3. 吊线的终结

线缆在终端杆及角深大于 15 m 的角杆上,应做终结。吊线终结可采用卡固法、另缠法、夹板制作法,如图 2-1-6 所示。

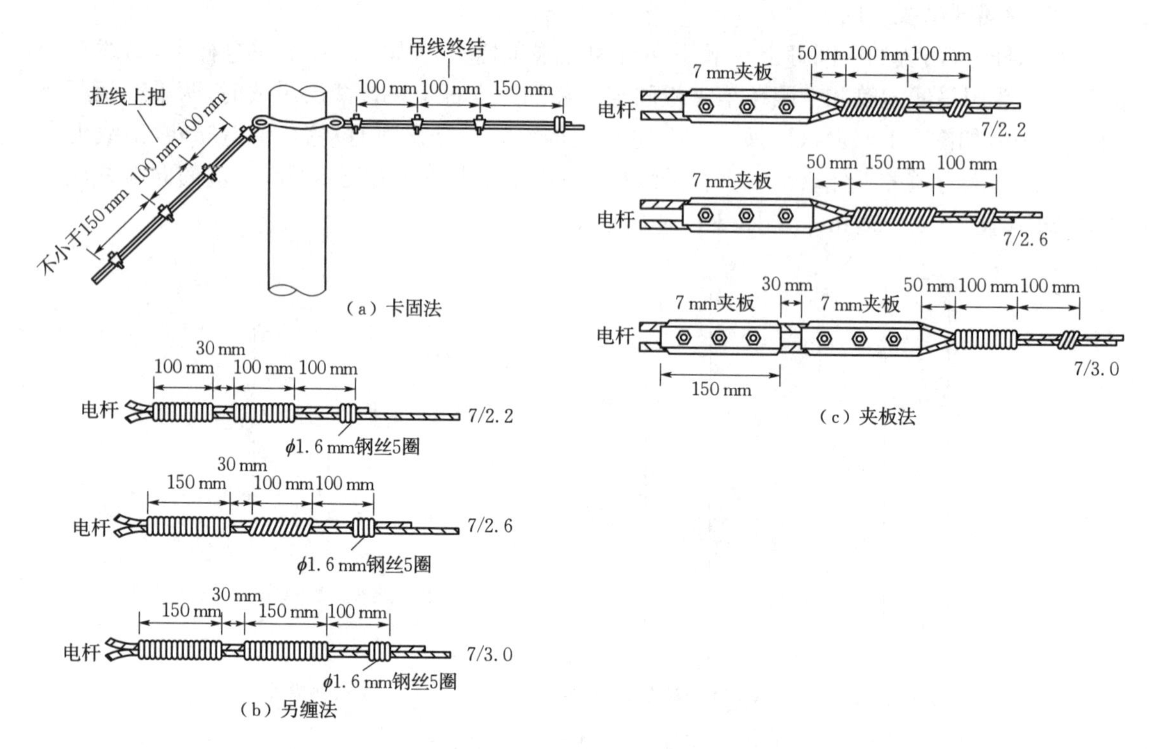

图 2-1-6　吊线终结的制作

拉线上把、吊线终结、拉线中把的制作规格见表 2-1-3。

表 2-1-3　拉线上把、吊线终结、拉线中把的制作规格

类别	拉线程式	另缠规格(首节—间隔—末节—留长)			备　注
		拉线上把、吊线终结、接续缠扎规格	拉线中把		
			缠扎规格	全长(cm)	
另缠法	7/2.2	10-3-10-10	10-33-10-10	60	缠扎线径 3.0 mm，封口 5～7 圈，两块夹板间隔 3 cm
	7/2.6	15-3-10-10	15-28-10-10	60	
	7/3.0	15-3-15-10	20-23-15-10	60	
夹板法	7/2.2	1 块-5-10-10	1 块-28-10-10	60	
	7/2.6	1 块-5-15-10	1 块-23-15-10	60	
	7/3.0	2 块-5-10-10	2 块-10-10-10	60	

两层两条吊线在一根电杆上的两侧，并按设计要求做成合手终结的，合手终结的做法如图 2-1-7 所示。

相邻杆档电缆吊线负荷不等或在负荷较大的线路终端杆前一根电杆应按设计要求做泄力杆，线缆吊线在泄力杆做辅助终结，辅助终结的做法如图 2-1-8 所示。

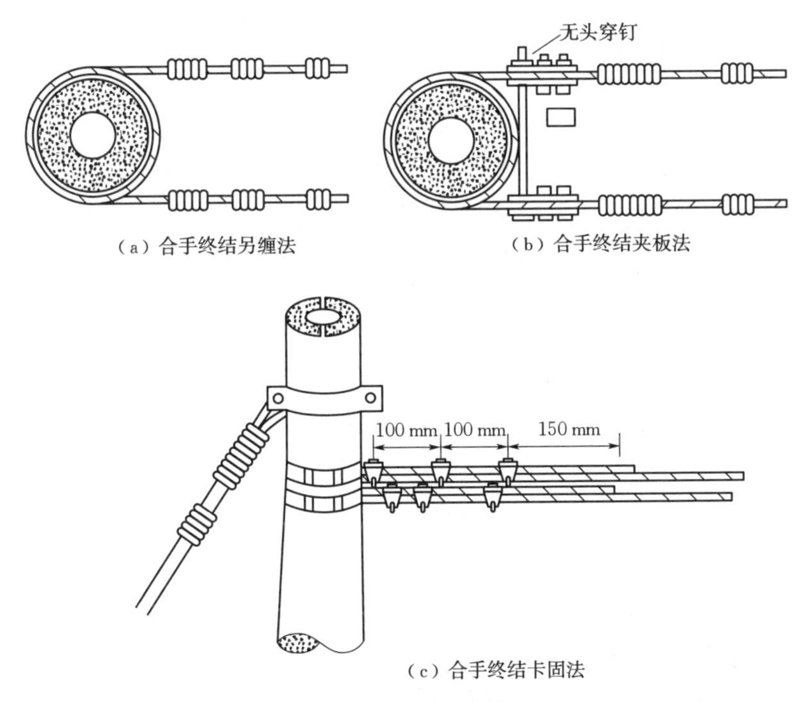

（a）合手终结另缠法　　（b）合手终结夹板法

（c）合手终结卡固法

图 2-1-7　合手终结的做法

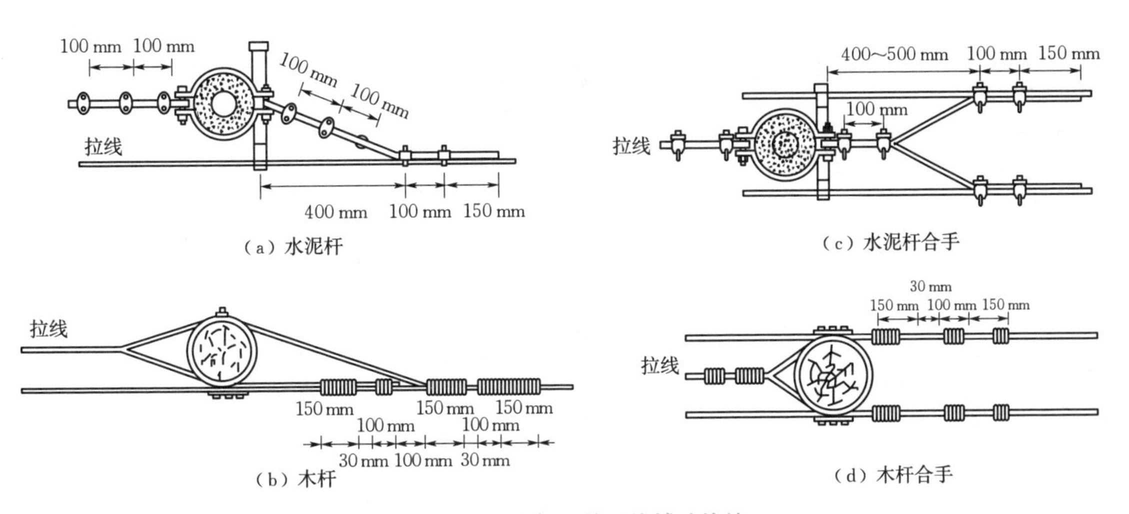

（a）水泥杆　　（c）水泥杆合手

（b）木杆　　（d）木杆合手

图 2-1-8　泄力杆上的吊线辅助终结

【任务实施】

按照本组分析、讨论、归纳的结果生成任务报告单。

任务报告单

实施人员信息			
姓名		学号	
组别		组内承担任务	

续上表

序号	任务名称	任务报告
1	固定吊线	固定吊线需要怎么做?
2	吊线接续	另缠法: 夹板法: 钢绞线卡子法:
3	吊线终结	不同场景下吊线终结的步骤:

【任务考核】

1. 简述吊线施工的方法。
2. 吊线接续有哪几种方法?
3. 吊线收紧后,角杆上的吊线该如何制作完成?

【考核评价】

总结评价(学生完成)			
任务总结			
任务实施情况			
1. 任务是否按计划时间完成? 2. 相关理论完成情况。 3. 任务完成情况。 4. 语言表达能力及沟通协作情况。 5. 参照通信工程项目作业程序、国家标准对整个任务实施过程、结果进行自评和互评			
学生自评(A/B/C)	组内互评(A/B/C)	小组评价(A/B/C)	总等级(A/B/C)
注:A优秀,B合格,C不合格			

考核评价表(教师完成)					
学号		姓名		考核日期	
任务名称	吊线布放			总等级	

续上表

任务考核项	考核等级	考核点	等级
素养评价	A/B/C	A:能够完整、清晰、准确地回答任务考核问题。 B:能够基本回答任务考核问题。 C:基础知识掌握差,任务理解不清楚,任务考核问题回答不完整	
知识评价	A/B/C	A:熟悉任务的实施步骤,独立完成任务,有能力辅助其他同学完成规定的工作任务,实施快速,准确率高。 B:基本掌握各个环节实施步骤,有问题能够主动请教其他同学,基本完成规定的工作任务,准确率较高。 C:未完成任务或只完成了部分任务,有问题没有积极向其他同学请教,工作实施拖拉、不积极,各个部分的准确率差	
能力评价	A/B/C	A:不迟到、不早退,对人有礼貌,善于帮助他人,积极主动完成规定工作任务,笔记完整整洁,回答老师提问完全正确。 B:不迟到、不早退,在教师督导和他人辅导下,能够完成规定工作任务,回答老师提问较准确。 C:未完成任务或只完成了部分任务,有问题没有积极向其他同学请教,工作实施拖拉、不积极,不能准确回答老师提出的问题	

任务三　拉线安装

拉线的作用主要是平衡电杆的受力,拉线由上部拉线和地锚拉线两部分组成,上部拉线包括拉线上把和拉线中把。本任务主要学习如何进行拉线安装。

【任务单】

任　务　单			
任务名称	拉线安装		
任务类型	讲授课	实施方式	老师讲解、分组讨论、案例学习
面向专业	通信相关专业	建议学时	2学时
任务实施重难点	重点:拉线的安装。 难点:拉线装设方位的计算		
任务目标	1. 掌握拉线的分类。 2. 能够进行角杆拉线的装设。 3. 熟知拉线的距高比。 4. 能够进行拉线上把、中把的制作。 5. 会安装拉线		

【任务学习】

知识点一　拉线的分类

拉线可分为角杆拉线、双方拉线(抗风拉线)三方拉线、防凌拉线(四方拉线)、终端拉线、顺线拉线、特殊拉线等。拉线主要采用钢绞线制作,常见的有 7/2.2、7/2.6、7/3.0 三种规格。吊线为 7/2.2 时,防风拉线采用 7/2.2 钢绞线,防凌拉线、顺风拉线、顶头拉线、终端拉线及角深在 15 m 以内的角杆拉线采用 7/2.6 钢绞线的原则。角深大于 15 m 的角杆应分设顶头拉线或设八字拉线。顶头拉线及十字拉线装设方向如图 2-1-9 所示,双方拉线及四方拉线装设方向如图 2-1-10 所示。

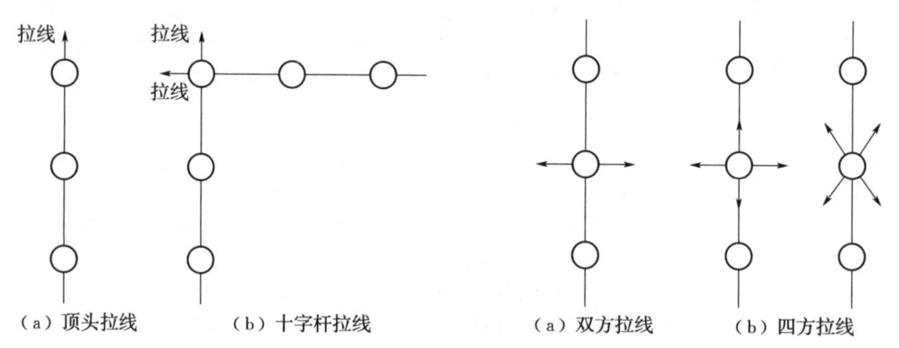

图 2-1-9　顶头拉线及十字杆拉线装设方向　　图 2-1-10　双方拉线及四方拉线装设方向

直线杆上抗风、防凌拉线根据负荷区、杆距、架设光(电)的缆条数等因素设置,见表 2-1-4。

表 2-1-4　抗风杆和防凌杆拉线的隔装数(杆距 50 m)

风　速	架空光缆条数	轻、中负荷区		重、超重负荷区	
		抗风杆	防凌杆	抗风杆	防凌杆
一般地区 (风速≤25 m/s)	≤2	8	16	4	8
	>2	8	8	4	8
25 m/s<风速≤32 m/s	≤2	4	8	2	4
	>2	4	8	2	4
风速>32 m/s	≤2	2	8	2	4
	>2	2	4	2	2

跨越铁路、公路、河流或广场等障碍物的跨越杆需装设三方拉线,如图 2-1-11 所示。

河流　(a)　120°　120°　河流　(b)

图 2-1-11　三方拉线装设方向

三方拉线一条在跨越档反侧的线路方向,另两条分别与第一条成 120°(或 90°)。当受房屋建筑、街道、杆路、河流或其他特殊地形限制时,可采用吊板拉线、高桩拉线、撑杆等特殊拉线,如图 2-1-12～图 2-1-14 所示。

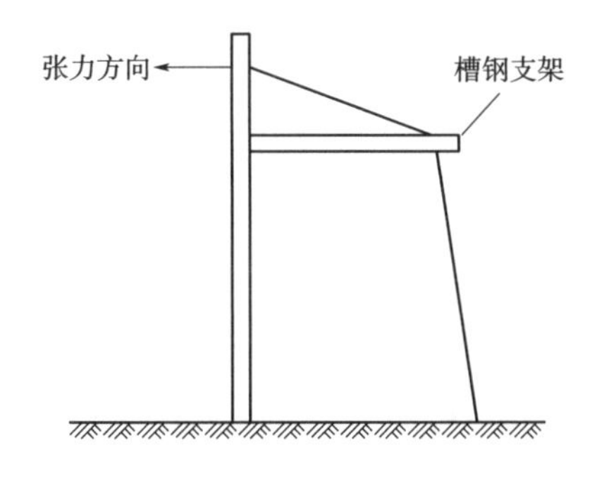

图 2-1-12　吊板拉线示意图

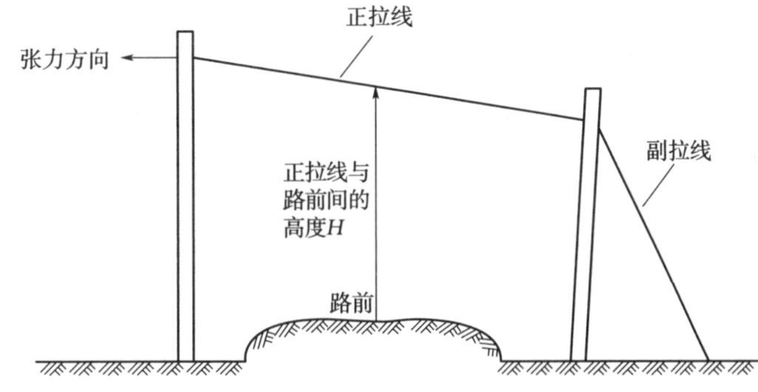

图 2-1-13　高桩拉线示意图

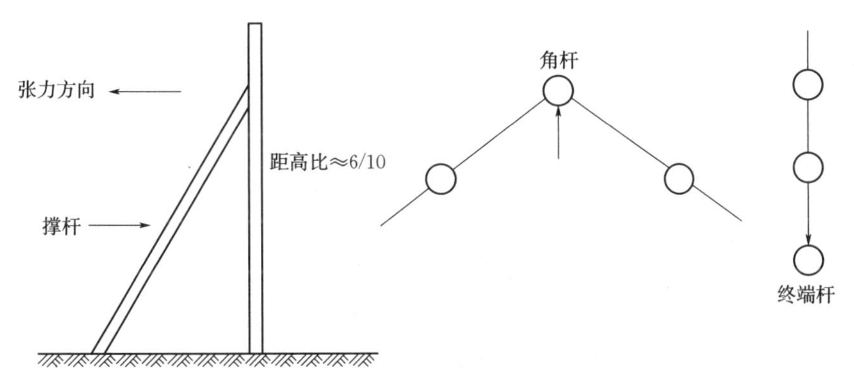

图 2-1-14　撑杆、角杆、终端杆拉线示意图

角杆拉线主要根据角深的大小设置。角深的定义如图 2-1-15 所示，从转角点 A 沿线路进行方向量取 $AB=AC=50$ m，D 是线段 BC 的中点，则 AD 的长度就是角深。

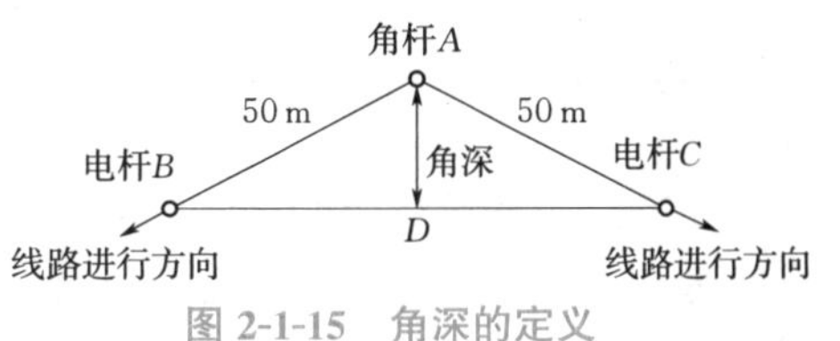

图 2-1-15　角深的定义

拉线受力的大小和角深的大小成正比。角深越大，拉线所受的不平衡张力就越大。角深≤13 m 时，采用 1 根与吊线同程式的拉线；角深>13 m 时，采用 2 根与吊线同程式的拉线或 1 根比吊线高一程式的拉线。角深>15 m 时，吊线反侧分别做拉线(八字拉线)，但须将出土点内移 60 cm。角杆拉线装设方位如图 2-1-16 所示，α 为线路张力之间的夹角。

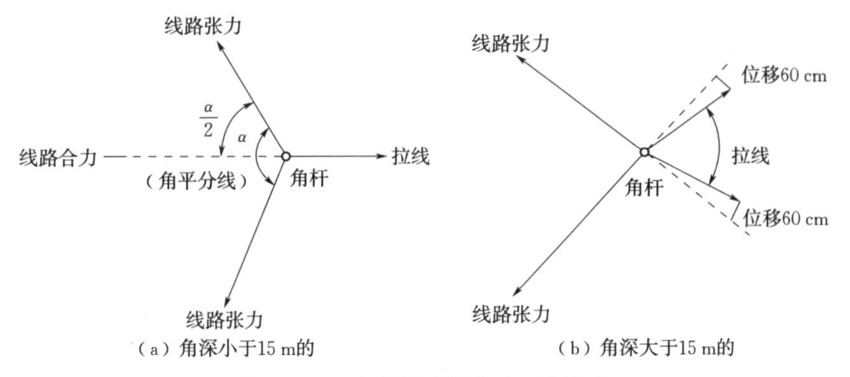

图 2-1-16　角杆拉线装设方位示意图

知识点二　拉线的距高比

拉线的拉距 L 与拉高 H 之比叫作拉线的距高比。其中,拉距是拉线出土点到电杆的垂直距离,拉高是拉线上把到拉距与电杆相交点的长度。拉线、拉高和拉距构成了一个直角三角形,如图 2-1-17 所示。

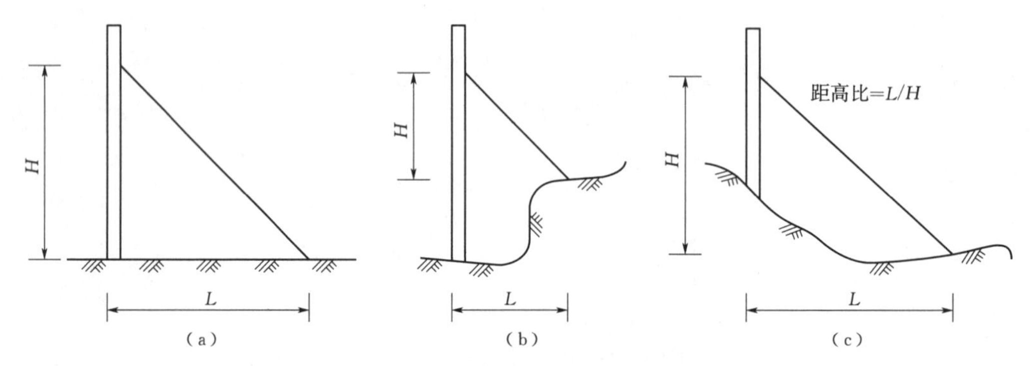

图 2-1-17　拉线距高比的定义

拉线距高比的大小可以判断拉线的长短和受力情况。在现有杆路上角深已定的情况下,当距高比增大时,拉线受力小,但拉线的长度增加;当距高比减小时,拉线长度缩短,但拉线受力大。一般情况下,拉线的距高比为 1;受地形限制时,距高比应控制在 0.75～1.25 的范围内。超出此范围时,可采用吊板拉线、高桩拉线、撑杆等特殊拉线。撑杆的距高比宜为 0.6,特殊情况下不得小于 0.5。

知识点三　拉线上把、中把的制作方法

拉线采用镀锌钢绞线制作,拉线上把与水泥电杆应用抱箍法结合,拉线上把与木杆可用捆绑法结合。拉线上把、中把与吊线终结的制作方法一样,有另缠法、夹板法、卡固法等制作方法,如图 2-1-6 所示。

知识点四　安装拉线

1. 拉线设置的一般规定

靠近电力设施及市区的拉线应根据设计规定加装绝缘子。绝缘子到地面的垂直距离应在 2 m 以上。拉线绝缘子的扎固规格应符合图 2-1-18 的要求。

人行道上的拉线应安装拉线警示管。

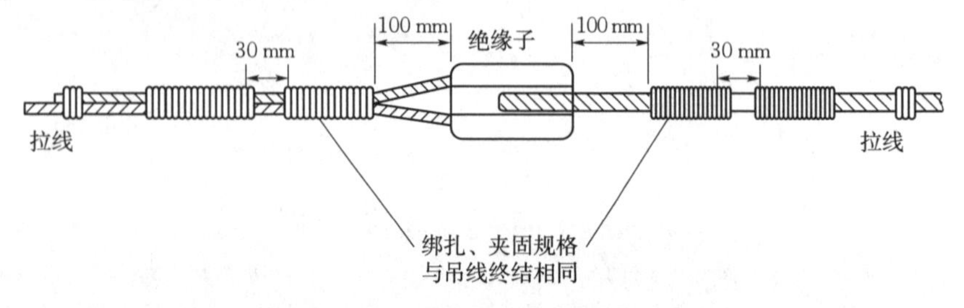

图 2-1-18　拉线绝缘子的扎固方法

2. 拉线安装

架空光(电)缆杆路设计时，选用吊线程式应综合考虑所挂光(电)缆重量、杆档距离、所在地区的气象负荷及今后发展情况等因素。光缆线路中吊线的主要程式是 7/2.2。一般防风拉线与主吊线为同一程式，其余拉线大吊线一号。各种拉线地锚坑深应符合表 2-1-5 的规定，容差应小于 5 cm。

拉线安装如图 2-1-19 所示。

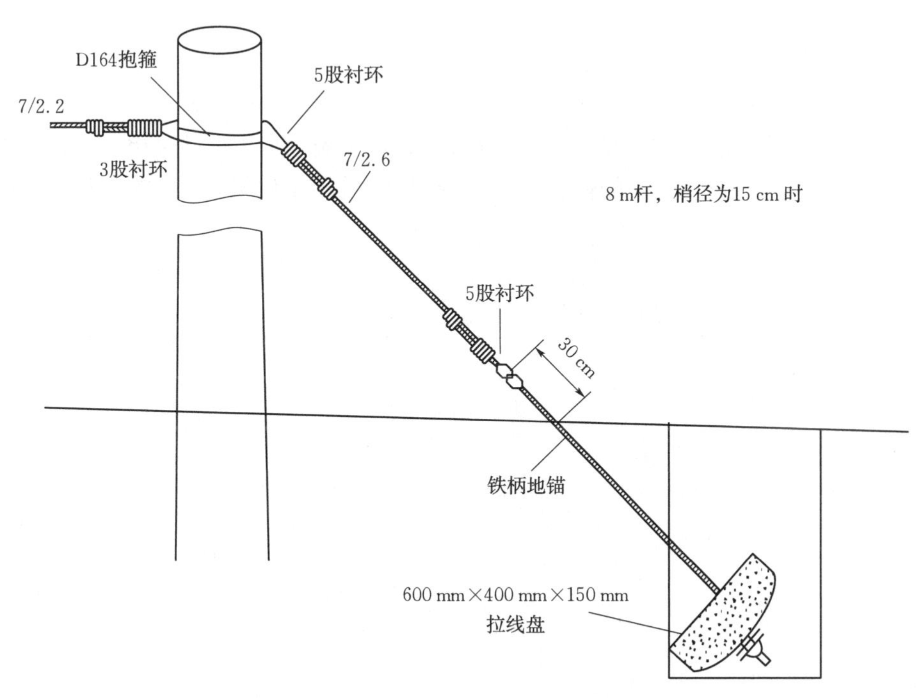

图 2-1-19　拉线安装

表 2-1-5　拉线地锚坑深　　(单位：m)

拉线程式		普通土	硬土	水田、湿地	石质
7/2.2		1.3	1.2	1.4	1.0
7/2.6		1.4	1.3	1.5	1.1
7/3.0		1.5	1.4	1.6	1.2
2×7/2.2		1.6	1.5	1.7	1.3
2×7/2.6		1.8	1.7	1.9	1.4
2×7/3.0		1.9	1.8	2.0	1.5
V形	上 2×7/3.0 下 1×7/3.0	2.1	2.0	2.3	1.7

一般地锚出土长度为 30 cm，3 条双下地锚出土长度为 40～50 cm，允许偏差 5～10 cm。地锚钢柄长度规格根据设计埋深要求选定。钢柄程式、吊线程式，地锚石程式配合见表 2-1-6。

表 2-1-6　钢柄程式、吊线程式、地锚石程式配置

拉线程	钢绞线	衬　环	钢柄程式 （直径×长度）(mm)	地锚石程式 （长×宽×厚）(mm)
防风拉	7/2.2	3 股	ϕ16×2 100	500×300×150
角杆拉线	7/2.6	5 股	ϕ20×2 100	600×400×150
角杆拉线	7/3.0	7 股	ϕ20×2 100	600×400×150
大跨度飞线	7/3.0	7 股	ϕ20×2 100	600×400×150
洋元拉线（竖石）	7/2.6	5 股	ϕ20×70	

拉线地锚应埋设端正，不得偏斜，地锚的拉线盘（地锚石、横木）应与拉线垂直。拉线地锚的实际出土点与规定出土点之间的偏移应≤5 cm，地锚的出土斜槽，应与拉线上把成直线。

【任务实施】

按照本组分析、讨论、归纳的结果生成任务报告单。

任务报告单

<table>
<tr><th colspan="4">实施人员信息</th></tr>
<tr><td>姓名</td><td></td><td>学号</td><td></td></tr>
<tr><td>组别</td><td></td><td>组内承担任务</td><td></td></tr>
<tr><td>序号</td><td>任务名称</td><td colspan="2">任务报告</td></tr>
<tr><td>1</td><td>认识不同种类拉线</td><td colspan="2">双方拉线场景：
三房拉线场景：
防凌拉线（四方拉线）场景：</td></tr>
<tr><td>2</td><td>拉线距高比</td><td colspan="2">拉线距高比如何确定：</td></tr>
<tr><td>3</td><td>制作拉线上把、中把</td><td colspan="2">三种制作拉线上把、中把的步骤：</td></tr>
<tr><td>4</td><td>安装拉线</td><td colspan="2">拉线绝缘子扎固方法：
安装拉线步骤：</td></tr>
</table>

【任务考核】

1. 不同位置场景下，拉线如何安装？
2. 简述拉线上把、中把的制作方法。

【考核评价】

总结评价(学生完成)			
任务总结			
任务实施情况			
1. 任务是否按计划时间完成? 2. 相关理论完成情况。 3. 任务完成情况。 4. 语言表达能力及沟通协作情况。 5. 参照通信工程项目作业程序、国家标准对整个任务实施过程、结果进行自评和互评			
学生自评(A/B/C)	组内互评(A/B/C)	小组评价(A/B/C)	总等级(A/B/C)

注:A 优秀,B 合格,C 不合格

考核评价表(教师完成)					
学号		姓名		考核日期	
任务名称	拉线安装			总等级	
任务考核项	考核等级	考核点			等级
素养评价	A/B/C	A:能够完整、清晰、准确地回答任务考核问题。 B:能够基本回答任务考核问题。 C:基础知识掌握差,任务理解不清楚,任务考核问题回答不完整			
知识评价	A/B/C	A:熟悉任务的实施步骤,独立完成任务,有能力辅助其他同学完成规定的工作任务,实施快速,准确率高。 B:基本掌握各个环节实施步骤,有问题能够主动请教其他同学,基本完成规定的工作任务,准确率较高。 C:未完成任务或只完成了部分任务,有问题没有积极向其他同学请教,工作实施拖拉、不积极,各个部分的准确率差			
能力评价	A/B/C	A:不迟到、不早退,对人有礼貌,善于帮助他人,积极主动完成规定工作任务,笔记完整整洁,回答老师提问完全正确。 B:不迟到、不早退,在教师督导和他人辅导下,能够完成规定工作任务,回答老师提问较准确。 C:未完成任务或只完成了部分任务,有问题没有积极向其他同学请教,工作实施拖拉、不积极,不能准确回答老师提出的问题			

任务四　架空光缆敷设

在我国的光缆线路敷设总量中，架空光缆线路敷设量占有比例还是比较高的，架空光缆线路具有建设速度快、投资低、效益好等优点，对于国家一级干线及市区的多数线路一般不用架空方式，但在特殊地形或有需要做临时架空杆路作为过渡时，也可采用架空方式，有些工程需横越河流时也可采用架空飞线过河方式。

【任务单】

任　务　单			
任务名称	架空光缆敷设		
任务类型	讲授课	实施方式	老师讲解、分组讨论、案例学习
面向专业	通信相关专业	建议学时	3学时
任务实施重难点	重点：架空光缆线路敷设流程。 难点：不同场景下架空光缆的敷设技能		
任务目标	1. 熟知架空光缆线路的一般要求。 2. 掌握架空光缆杆路建筑。 3. 能够进行吊挂式架空光缆的敷设。 4. 掌握光缆机械缠绕式架设方法		

【任务学习】

知识点一　架空光缆线路的一般要求

1. 架空杆路的一般要求

架空光缆主要分为钢绞线支承式和自承式两种，应优先选用前者。我国基本都是采用钢绞线支承式，这种结构是通过杆路吊线托挂或捆扎(缠绕)架设。架空光缆应具备相应机械性能，如防震、防风、防雪、防低温等负荷变化产生的张力并具有防潮、防水性能。架空线路的杆间距离，市区为35～40 m，郊区为40～50 m，郊外随不同气象负荷区而异，最短25 m，最长67 m，可做适当调整。我国的负荷区是依据风力、冰凌、温度三要素进行划分的。架空光缆线路应充分利用现有架空明线或架空电缆的杆路加挂光缆，其杆路强度及其他要求应符合架空线路的建筑标准。架空光缆的吊线采用规格程式为7/2.2的镀锌钢绞线。吊线的安全系数S应不低于3。对于长途一级干线需要采用架空挂设时，埋式钢丝铠装光缆，质量超过1.5 kg/m，在重负荷区可减少杆间距或采用7/2.6的钢绞线。架空光缆应根据使用环境，选择符合温度特性要求的光缆。－30 ℃以下的地区不宜采用架空方式。在架空明线线路上挂设光缆时，因架空明线线路已完全被淘汰，不用考虑光缆金属加强构件对明线有无影响；而明线线条仍可保留，以给光缆提供防雷、防强电保护。

2. 架空光缆安装的一般要求

(1)架空光缆垂度

架空光缆垂度的取定，要考虑光缆架设过程中和架设后受到最大负载时产生的伸长率应小于0.2%。光缆布放时不要绷紧，一般垂度稍大于吊线垂度；对于在原有杆路上加挂，一般要求与原线路垂度尽量一致。

(2)架空光缆伸缩余留

对于无冰期地区可以不做余留，但布放时光缆不能拉得太紧，注意自然垂度，杆上光缆伸缩弯的规格如图2-1-20(a)所示，靠杆中心部位应采用聚乙烯波纹管保护；余留宽度2 m，一般不得少于1.5 m；余留两侧及线绑扎部位，应注意不能扎死，以利于在气温变化时能伸缩起到保护光缆的作用。光缆经十字吊线或丁字吊线处应采用如图2-1-20(b)所示的保护方式。

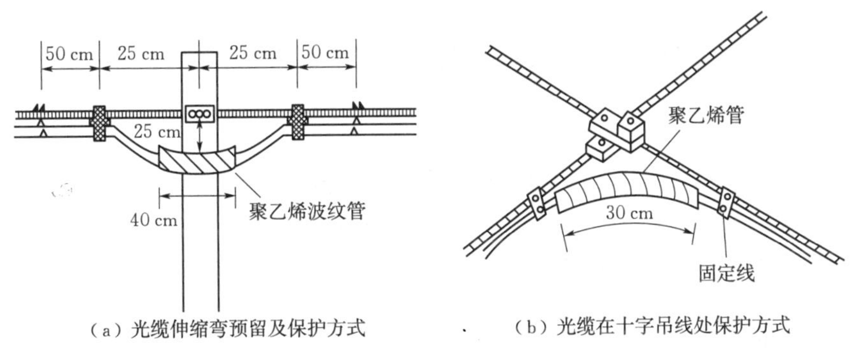

(a) 光缆伸缩弯预留及保护方式　　(b) 光缆在十字吊线处保护方式

图2-1-20　保护示意图

(3)架空光缆的引上安装方式和要求

架空光缆的引上安装方式和要求：杆下用钢管保护，防止人为损伤；上吊部位应留有伸缩弯并注意其弯曲半径，以确保光缆在气温变化剧烈时的安全，如图2-1-21所示，固定线应注意扎紧。

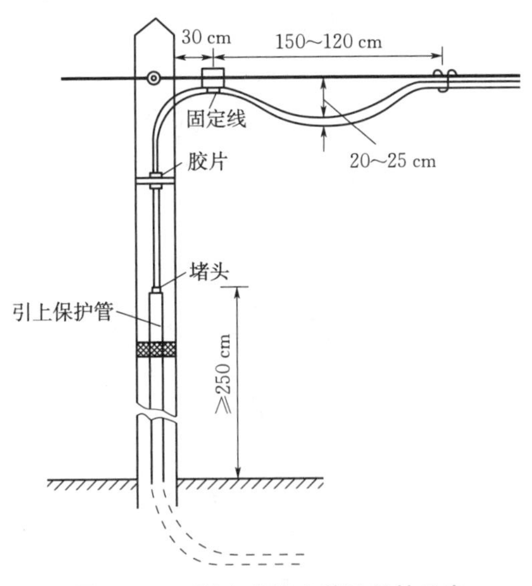

图2-1-21　引上光缆安装及保护示意

知识点二　架空光缆杆路建筑

1. 直线测量

要求杆位准确，上下垂直。为保证所有直线杆位在同一直线上，在插直线标杆时，应在插好第五或第六根标杆后，才能将第一根标杆拔去，依此轮番前进。

2. 测量拉线位置的方法

(1)测量角杆拉线位置

在角杆位置,顺线路两侧各量 5 m 顺线路看正,立好标杆,用皮尺量两个标杆间的距离。在中心点立一标杆,此标杆至角杆中心的距离乘以 10 即为角深。沿角深标杆和角杆中心继续往前量出拉距,使三点成一直线,此点即为拉线位置。

(2)测量双方拉线位置

以杆位为中心,顺线路前后各量 5 m 立好标杆,用皮尺复核一次,应为 10 m 无误。再将皮尺适当放长往侧面拉紧,取中心点立一标杆。然后再将皮尺翻到另一侧,在尺的全长中心点再立一标杆,两侧标杆与电杆位中心成一直线,根据拉距数所需,由杆位中心往标杆方向量出拉距看正,即拉线位置。

(3)测量三方拉线位置

从要打拉线的电杆位的中心,顺线路往前量 6 m 立标杆,再将皮尺放长到 18 m 回到杆位中心,拉紧皮尺的 12 m 点,使皮尺以 6、12、18 三点成一三角形。在 12 m 处立标杆。然后 6 m、18 m 两处不动,将 12 m 点翻到另一侧拉紧立标杆。两个 12 m 处的标杆均是拉线方向。然后根据拉距,由杆中心分别向两个标杆方向和顺线路往回量出拉距,每个方向要三点成一直线看正,这三点即为三方拉线位置。

3. 打洞

拉线洞的位置须由出土点向外移一定距离,如图 2-1-22 所示。

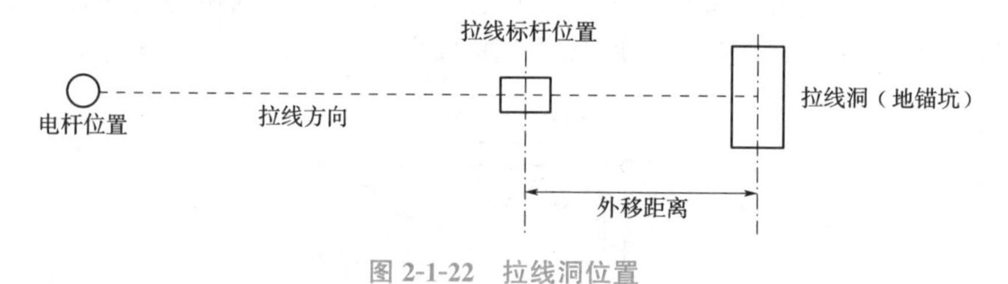

图 2-1-22　拉线洞位置

4. 立杆

立杆前必须检验杆洞是否符合规定要求,如有不符,应进行修正。立杆时要注意杆面方向,以免杆面方向错位。如在线路立角杆时,应先立角杆两侧直线杆路再立角杆,以便修正。

5. 杆根装置

水泥电杆杆根装置应用混凝土卡盘,以 U 形抱箍固定。木杆杆根装置应用横木,以 $\phi4.0$ mm 钢线缠绕固定。

(1)直线杆路电杆杆根装置的位置应符合下列规定

一般线路应按设计规定装置,无明确规定时应装在线路的一侧,但相邻杆均设置杆根装置时,应交错装设。杆距不等时,应装在长杆档侧。

(2)角杆、终端杆杆根装置的位置应符合下列规定

单装置应装在拉线方向的反侧,与拉线方向呈“T”形垂直。双装置的下装置应装在电杆拉线侧,上装置应装在拉线方向的反侧;上下装置与拉线方向呈“T”形垂直。电杆杆根装置位置偏差不大于 50 mm。

(3)卡盘式杆根装置的规格应符合图 2-1-23 的要求。负荷大的地方和土质松软的地方采用杆根垫木。

6. 拉线

拉线设置应符合设计要求，如图 2-1-24 所示。拉线应采用镀锌钢绞线；拉线扎固方式以设计材料为准实施。

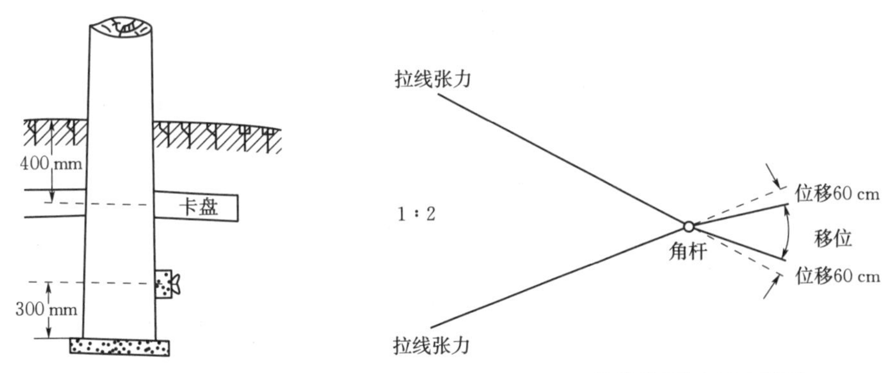

图 2-1-23　卡盘式杆根装置　　图 2-1-24　拉线位置固定示意图

靠近电力设施及闹市区的拉线，应根据设计规定加装绝缘子。绝缘子朝上的拉线上部长度应适量，但绝缘子距地面的垂直距离应在 2 m 以上。拉线绝缘子的扎固规格应符合图 2-1-25 的要求。

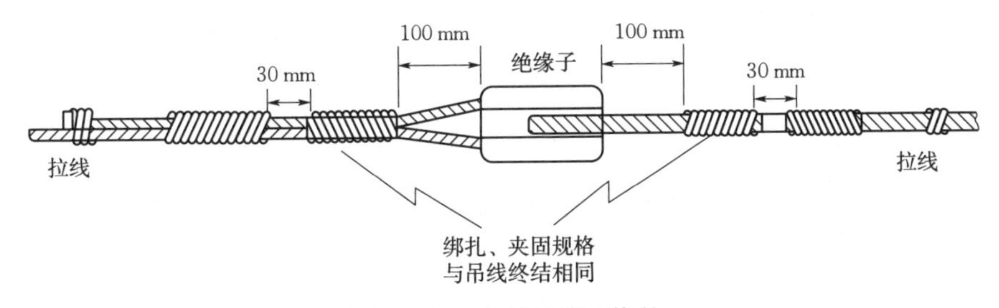

图 2-1-25　拉线绝缘子绑扎

人行道上的拉线宜加塑料保护管、竹筒或木桩来进行保护。

拉线上把与水泥电杆应用抱箍法结合；拉线上把与木杆可用捆绑法结合。

角深大于 15 m 时，应装设两条拉线，每条拉线应分别装在对应的线条张力的反侧，两条拉线出土点应相互内移 60 cm。

泄力杆应做双向辅助终结装置并安装四方拉线。跨越档超过 80 m 以上在本档内两杆装设顶头拉线。角杆拉线程式的选定见表 2-1-7。

表 2-1-7　角杆拉线程式选定表

员线架设结构	吊线程式	角深(m)	拉线程式
单层单条	7/2.2	0～7	7/2.2
	7/2.2	7～15	7/2.6
双层双条	7/2.2	0～7	2×7/2.2 或 7/3.0
	7/2.2	7～15	2×7/2.6

架空电缆线路的拉线上把在电杆上的装设位置应符合下列规定：

杆上只有一条电缆吊线且装设一条拉线时，应符合图 2-1-26 要求的方式之一选用。杆上有两层电缆吊线且装设两层拉线时，应符合图 2-1-26 要求的方式之一选用。防风拉线的顺线路拉线应设在吊线下 10 cm 处，侧面拉线应设在吊线下 20 cm 处。

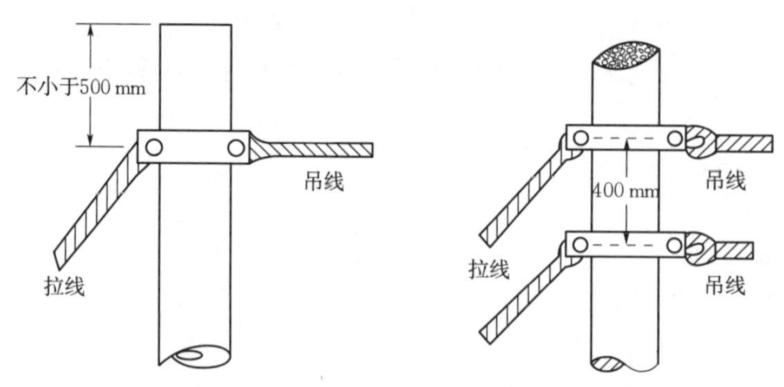

图 2-1-26　拉线上把在电杆上的装设位置

拉线上把的扎固应符合下列规定：

夹板法如图 2-1-27(a)所示，卡固法如图 2-1-27(b)所示，另缠法如图 2-1-27(c)所示，各部尺寸应符合规格要求。

上述三种方法，规格允许偏差±4 mm，累计偏差不大于 10 mm。

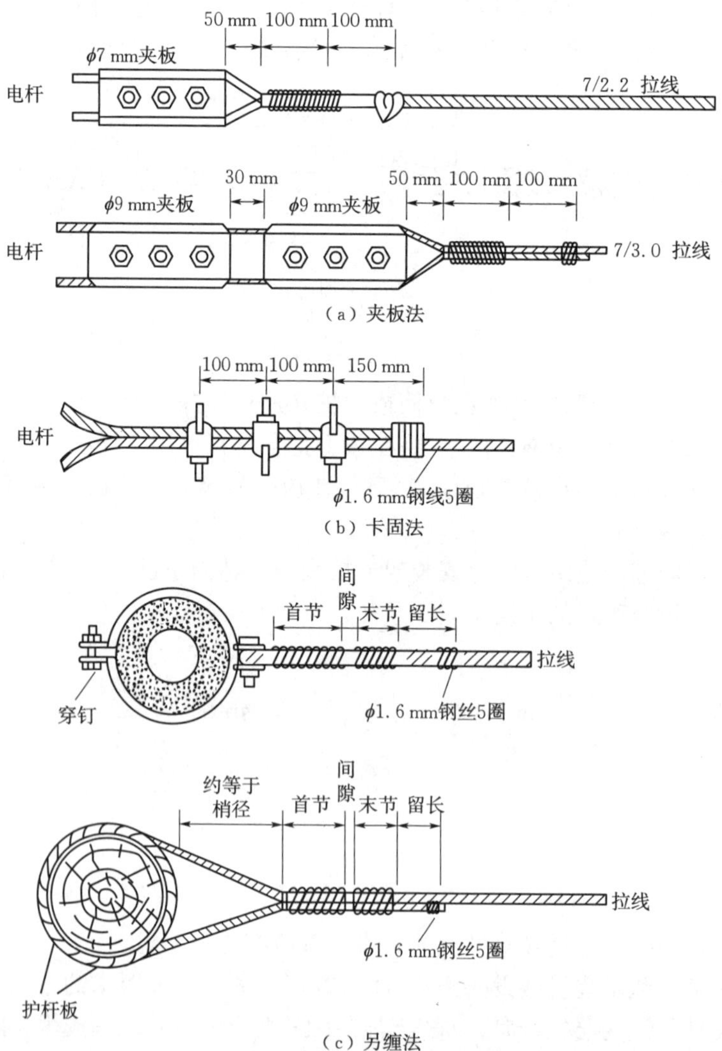

图 2-1-27　拉线上把绑扎

拉线中把的扎固应符合图 2-1-28，主要使用夹板法、另缠法和 U 形钢线卡法。

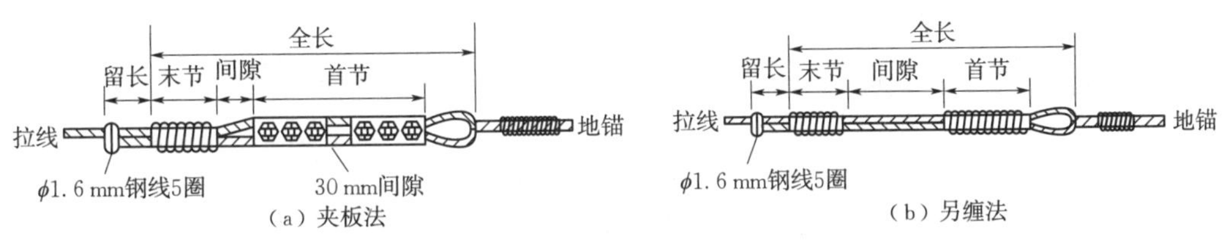

图 2-1-28　拉线中把绑扎示意

（1）夹板法：采用三眼双槽夹板接续吊线。夹板程式应与吊线相适应，7/1.6 及以下的吊线用一副三眼双槽夹板，其夹板线槽的直径应为 7 mm；7/3.0 吊线应采用两副三眼双槽夹板，夹板线槽的直径 9 mm，夹板的螺母必须拧紧，无滑丝现象。

（2）另缠法：此法使用 ϕ1.6 mm 镀锌钢线进行另缠，要求缠扎均匀紧密，缠线不得有伤痕或锈蚀，缠线总长度的偏差不得超过 2 cm。

（3）U 形钢线卡法：此法采用 10 mm 的 U 形钢线卡（必须附弹簧垫圈）代替三眼双槽夹板，将钢绞线夹住。

7. 撑杆

撑杆装设位置：撑杆装设在最末层吊线下 10 cm；撑杆埋深不小于 60 cm，距高比宜为 0.6 以上，最小不小于 0.5。撑杆与水泥电杆的结合规格应符合的规定如图 2-1-29 所示。

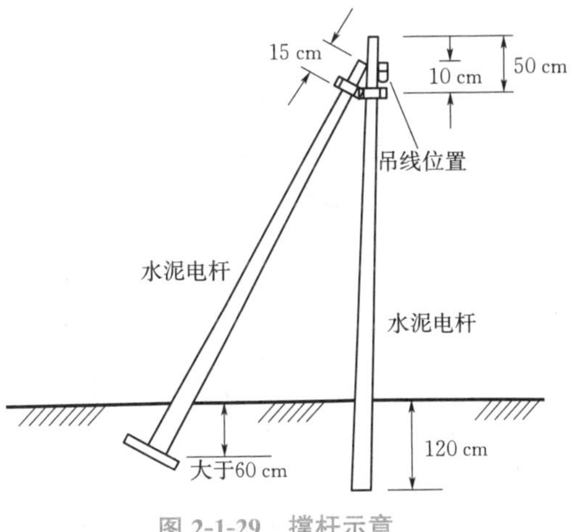

图 2-1-29　撑杆示意

8. 布放吊线

布放吊线时，应先把已选择好的钢绞线盘放在具有转盘装置的放线架上，然后转动放线架上的转盘即可开始放线，布放吊线一般采用下列三种方法。

（1）把吊线放在电杆上吊线夹板的线槽里并把外面的螺母略微旋紧，以使吊线刚好不脱出线槽为度，随后即可用人工牵引。

（2）将吊线放在电杆和夹板间的螺母上，但在直线上每隔 6 根电杆和转弯线路上所有具有离杆拉力的角杆上（即外角杆上），仍须把吊线放在夹板的线槽里（方法同上）。

（3）先把吊线布放在地上，然后用人工把吊线逐段搬到电杆与夹板间的螺母上（一般用杆叉）。但采用此法必须以不使吊线受损、不妨碍交通、不会使吊线无法引上电杆等为原则。

（4）在布放吊线过程中应尽可能使用整条的钢绞线，以减少中间接头，并要求在一个杆档内不得有一个以上的接头。

吊线中间接头连接处也可称为吊线的接续，一般吊线接续也采用另缠法、夹板法和 U 形钢线卡法。

另缠法：采用 ϕ1.6 mm 镀锌钢线进行另缠，要求缠扎均匀紧密，缠线不得有伤痕或锈蚀，缠线总长度的偏差不得超过 2 cm，如图 2-1-30 所示。

夹板法：采用三眼双槽夹板接续吊线。夹板程式应与吊线相适应，7/2.6 及以下的吊线用一副三眼双槽夹板，其夹板线槽的直径应为 7 mm；7/3.0 吊线应采用两副三眼双槽夹板，夹板线槽的直径为 9 mm，夹板的螺母必须拧紧，无滑丝现象。

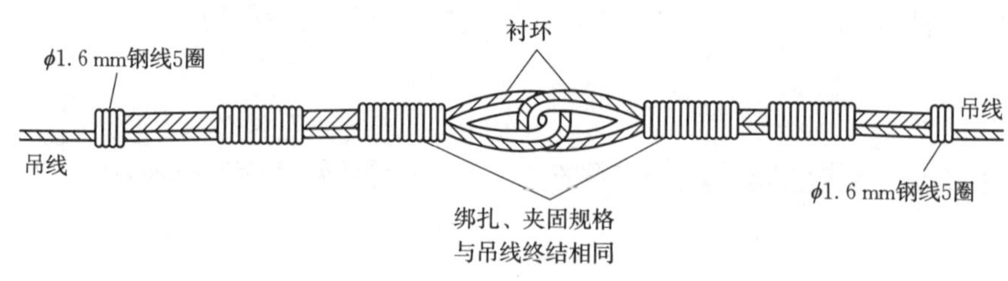

图 2-1-30　另缠法示意图

U 形钢线卡法：采用 10 mm 的 U 形钢线卡（必须附弹簧垫圈）代替三眼双槽夹板，将钢绞线夹住。

知识点三　架空光缆的敷设方式

2-1-1　架空电缆的架设

1. 吊挂式架空光缆的敷设

架空光缆采用吊线托挂即吊挂式，是最广泛的架设方法。目前国内架空光缆多数采用这种方式。

光缆挂钩的要求与预放：吊挂式光缆挂钩的程式可按规定要求选用。所用挂钩程式应一致；光缆挂钩卡挂间距要求为 50 cm，允许偏差不大于 3 cm，电杆两侧的第一个挂钩距吊线的杆上的固定点边缘为 25 cm 左右。光缆卡挂应均匀，挂钩与吊线上的搭扣方向一致，挂钩、托板齐全。一般在光缆架设后按上述要求调节整理好挂钩。当光缆采用挂钩预放置布放时，应先在光缆架设前，预先在吊线上安装挂钩。

（1）滑轮牵引方式

为顺利布放光缆和不损伤护层，可采用导向滑轮。在光缆盘一侧的始端牵引至终点。安装方法如图 2-1-31 所示的导向索和两个滑轮，并在电杆部位安装一个大号滑轮。

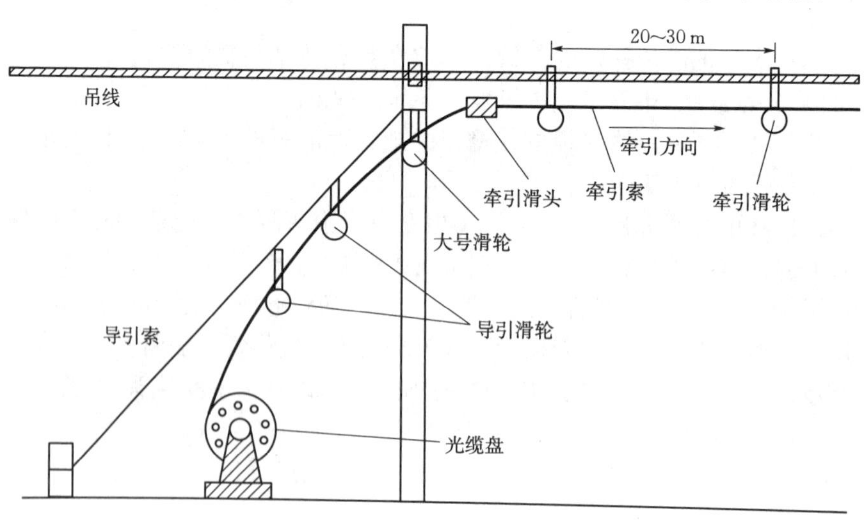

图 2-1-31　光缆滑轮牵引架设方法示意图

每隔 20～30 m 安装一个导引滑轮，一边将牵引绳通过每一个滑轮，一边按顺序安装，直至到达光缆盘处与牵引端头连好。

采用端头牵引机或人工牵引，注意光缆所受张力大小。

一盘光缆分几次牵引时，与管道敷设一样采用盘“∞”字形方式分段牵引。

每盘光缆牵引完毕，由一端开始用光缆挂钩分别将光缆托挂于吊线上，替换下导引滑轮，并按要求在杆上做伸缩弯、整理挂钩间隔等。

光缆接头预留长度为 8～10 m(杆高)，应盘成圆圈后用扎线扎在杆上。

(2)杆下牵引布放法

对于郊外杆下障碍不多的情况下，可采用杆下牵引法，如图 2-1-32 所示。

将光缆盘置于一段光路的中点，采用机械牵引或人工牵引将光缆牵引至一端预定位置，然后将盘上余缆倒下，盘成“∞”字形，再向反方向牵引至预定位置。

边安装光缆挂钩，边将光缆挂于吊线上。

在挂设光缆的同时，将杆上预留、挂钩间距一次完成，并做好接头预留长度的放置和端头处理。

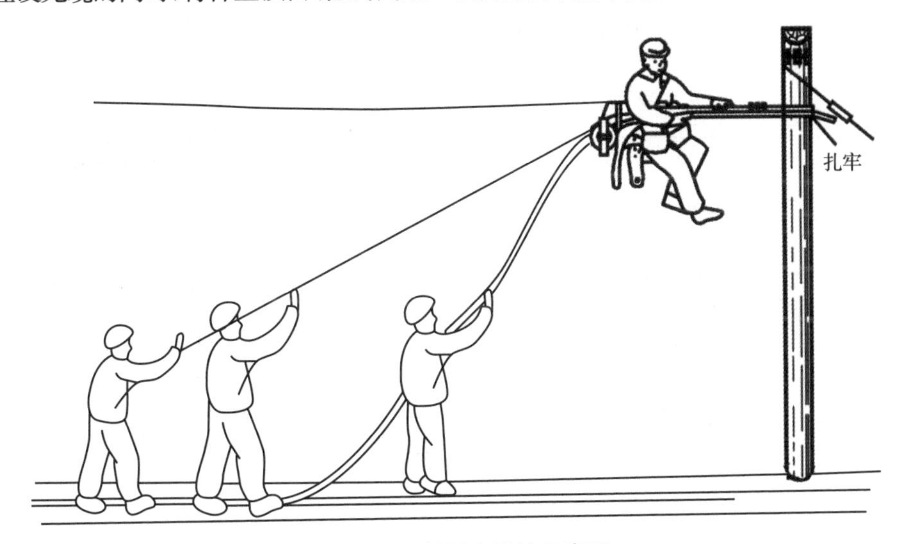

图 2-1-32　杆下牵引法示意图

(3)预留挂钩牵引法

在杆路准备时就将挂钩安装于吊线上。

在光缆盘及牵引点安装牵引绳及滑轮。

将牵引绳穿过挂钩，预放在吊线上，敷设光缆时与光缆牵引端头连接，光缆牵引方法如图 2-1-33 所示。

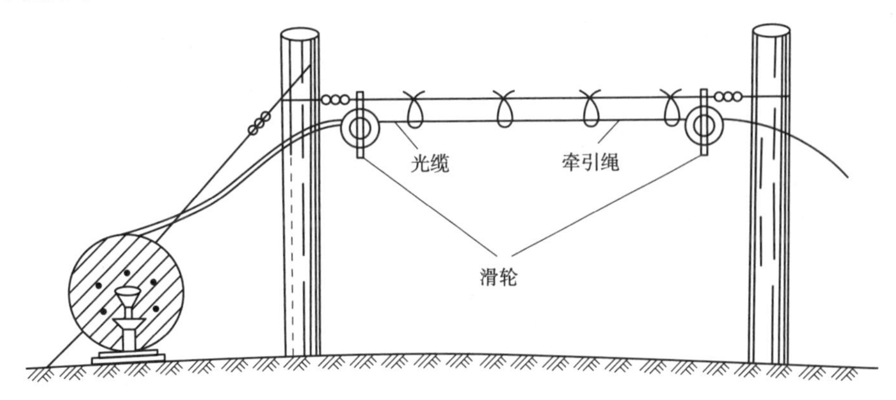

图 2-1-33　预挂钩牵引法示意图

(4)牵引完毕后，稍调挂钩间距，并在杆上作“伸缩弯”及放置好预留接头长度。

2. 缠绕式架空光缆的敷设

缠绕捆扎线采用直径为 1.2 mm 的不锈钢线，当缠绕机沿吊线向前牵引时，捆扎线使摩擦滚轮产生旋转。摩擦滚轮是与静止部分相接触的，因此滚动部分与前进方向相垂直地转动，光缆和吊线一起被捆扎线螺旋地绕在一起。缠绕机过杆时，由专人从杆的一侧移过电杆，安装好后继续缠绕。捆扎线的起始端及终端(头、尾)均在吊线上做终结处理(终结扣)。

(1)光缆临时架设

光缆临时架设分为活动滑轮临时架设法和固定滑轮临时架设法两种。活动滑轮临时架设法如图 2-1-34 所示，在光缆盘及终端牵引点安装导引索和导引滑轮，每隔 4 m 左右距离安装 1 支活动滑轮构成活动滑轮组。牵引光缆，由活动滑轮完成临时架设，光缆和安装在吊线上的活动滑轮一起向前牵引。固定滑轮临时架设方法与活动滑轮法类似。

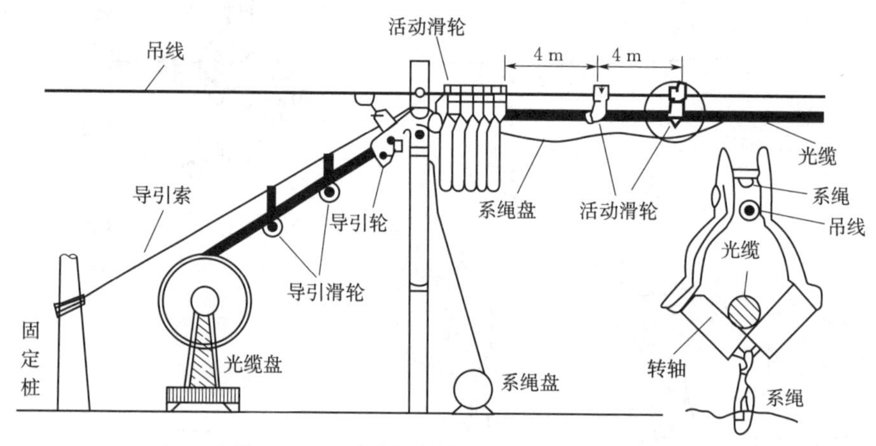

图 2-1-34 活动滑轮临时架设光缆(预放)

(2)缠绕扎线

用光缆缠绕机进行自动缠绕扎线，如图 2-1-35 所示。当缠绕机向前牵引时，随着缠绕机滚动部分与前进方向垂直转动时，即完成光缆和吊线呈螺旋形地捆扎在一起。缠绕机过杆时由专人上杆搬移，由杆的一侧转到另一侧，安装好后继续缠绕。

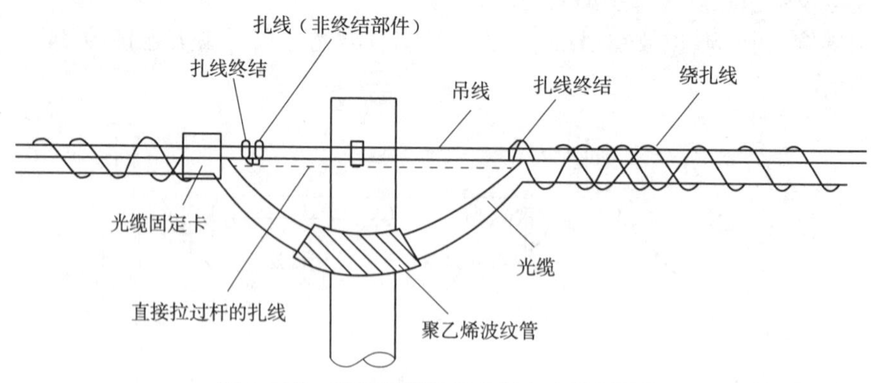

图 2-1-35 架空缠绕光缆的杆上安装示意图

(3)用卡车架设缠绕光缆的方法

采用卡车进行缠绕光缆架设法，可以免去临时架设光缆，将光缆布放、缠绕同时进行，一次完成，如图 2-1-36 所示。卡车载放着光缆慢慢向前行驶，缠绕机随之进行自动绕扎。卡车后部用液压千斤支架架起光缆盘，光缆穿过光缆输送软管由导引器送出，光缆缠绕机由导引器支点牵引。光缆由盘上放出随着缠绕机滚动部分旋转，由扎线捆扎在吊线上。

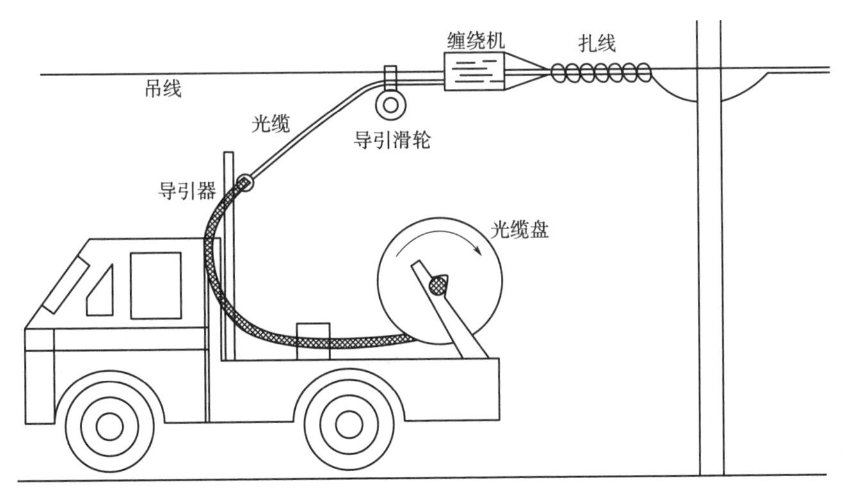

图 2-1-36　卡车架设缠绕光缆

光缆经过电杆时，同人工牵引法一样，由人工做伸缩弯并固定，以及将缠绕机由杆一侧移过电杆并安装好。卡车上装有升降座位供操作人员乘坐完成杆上及安装作业。

【任务实施】

按照本组分析、讨论、归纳的结果生成任务报告单。

任务报告单

<table>
<tr><th colspan="4">实施人员信息</th></tr>
<tr><td>姓名</td><td></td><td>学号</td><td></td></tr>
<tr><td>组别</td><td></td><td>组内承担任务</td><td></td></tr>
<tr><td>序号</td><td>任务名称</td><td colspan="2">任务报告</td></tr>
<tr><td>1</td><td>架空光缆安装</td><td colspan="2">垂度要求：
伸缩预留：
引上安装：</td></tr>
<tr><td>2</td><td>敷设吊挂式架空光缆</td><td colspan="2">滑轮牵引方式：
杆下牵引布放方式：
预留挂钩牵引方式：</td></tr>
<tr><td>3</td><td>敷设缠绕式架空光缆</td><td colspan="2">敷设步骤：</td></tr>
</table>

【任务考核】

1. 具体说明吊挂式架空光缆敷设流程及注意事项。
2. 试述布放架空线缆的方法和步骤。

【考核评价】

<table>
<tr><th colspan="4">总结评价(学生完成)</th></tr>
<tr><td colspan="4">任务总结</td></tr>
<tr><th colspan="4">任务实施情况</th></tr>
<tr><td colspan="4">1. 任务是否按计划时间完成?
2. 相关理论完成情况。
3. 任务完成情况。
4. 语言表达能力及沟通协作情况。
5. 参照通信工程项目作业程序、国家标准对整个任务实施过程、结果进行自评和互评</td></tr>
<tr><td>学生自评(A/B/C)</td><td>组内互评(A/B/C)</td><td>小组评价(A/B/C)</td><td>总等级(A/B/C)</td></tr>
<tr><td></td><td></td><td></td><td></td></tr>
<tr><td colspan="4">注:A 优秀,B 合格,C 不合格</td></tr>
</table>

<table>
<tr><th colspan="6">考核评价表(教师完成)</th></tr>
<tr><td>学号</td><td></td><td>姓名</td><td></td><td>考核日期</td><td></td></tr>
<tr><td>任务名称</td><td colspan="3">架空光缆敷设</td><td>总等级</td><td></td></tr>
<tr><td>任务考核项</td><td>考核等级</td><td colspan="3">考核点</td><td>等级</td></tr>
<tr><td>素养评价</td><td>A/B/C</td><td colspan="3">A:能够完整、清晰、准确地回答任务考核问题。
B:能够基本回答任务考核问题。
C:基础知识掌握差,任务理解不清楚,任务考核问题回答不完整</td><td></td></tr>
<tr><td>知识评价</td><td>A/B/C</td><td colspan="3">A:熟悉任务的实施步骤,独立完成任务,有能力辅助其他同学完成规定的工作任务,实施快速,准确率高。
B:基本掌握各个环节实施步骤,有问题能够主动请教其他同学,基本完成规定的工作任务,准确率较高。
C:未完成任务或只完成了部分任务,有问题没有积极向其他同学请教,工作实施拖拉、不积极,各个部分的准确率差</td><td></td></tr>
<tr><td>能力评价</td><td>A/B/C</td><td colspan="3">A:不迟到、不早退,对人有礼貌,善于帮助他人,积极主动完成规定工作任务,笔记完整整洁,回答老师提问完全正确。
B:不迟到、不早退,在教师督导和他人辅导下,能够完成规定工作任务,回答老师提问较准确。
C:未完成任务或只完成了部分任务,有问题没有积极向其他同学请教,工作实施拖拉、不积极,不能准确回答老师提出的问题</td><td></td></tr>
</table>

项目二 管道工程施工

项目引入

通信管道是城镇通信网的基础设施，设置地下通信管道可以大大满足线路建设随时扩容的需要，提高线路建设及维护的工作效率，确保通信线路的安全，同时也符合城镇市容建设的需要。地下通信管道具有投资大，施工时对城市交通和人民生活影响大的特点，一经建成就会成为永久性的设施，因此，设计时必须考虑到网络发展和城镇的长期规划，使通信管道能随城镇的发展而延伸，彼此能连成稳定、合理的管网。工程设计一般按路由选择、资料收集、地基与基础处理、平面设计、剖面设计和特殊情况处理的程序进行。本项目主要带大家学习通信管道的基础知识及管道光缆的敷设。

项目目标

知识目标

1. 掌握通信管道路由选择要求。
2. 熟知通信管道剖面施工规范。
3. 了解人、手孔种类及其适用方式。
4. 掌握通信管道光缆敷设技能。
5. 了解管道光缆敷设的准备工作。

能力目标

1. 能够正确合理选择管道杆路路由位置。
2. 能够规范开挖管道沟。
3. 能够进行人、手孔施工。
4. 能够进行通信管道光缆敷设。

素养目标

1. 培养行业职业操守、职业精神及求真务实、专业敬业的工匠精神。

2. 培养在工程实践和社会活动中应自觉恪守准则规范，遵守职业道德。
3. 能够理解并遵守通信管道工程相关的国家标准、行业规范和安全操作规程。
4. 培养可持续发展的理念、安全节约及树立正确的环境伦理道德观。

项目描述

现有某市城区客运站新建通信管道工程图纸，如下图所示。建设单位要求工程拟在西南商贸城附近区域新建通信管道，本工程设计管道沟和人（手）孔坑采用人工挖掘，人孔、手孔坑放坡系数为 0.2，管道沟不放坡；本工程所有开挖管道均做混凝土基础，现场浇灌混凝土基础厚度 8 cm，管道基础宽度按管群宽度加包封 10 cm，在车行道敷设的管采用混凝土全程包封。其中人工开挖跆面混凝土路面，开挖管道沟及人（手）孔坑分普通土、硬土、软石、坚石环境；新建混凝土管道基础新建 925 m；新建中号砖砌手孔 7 个，详细技术数据详见工程勘察图纸。

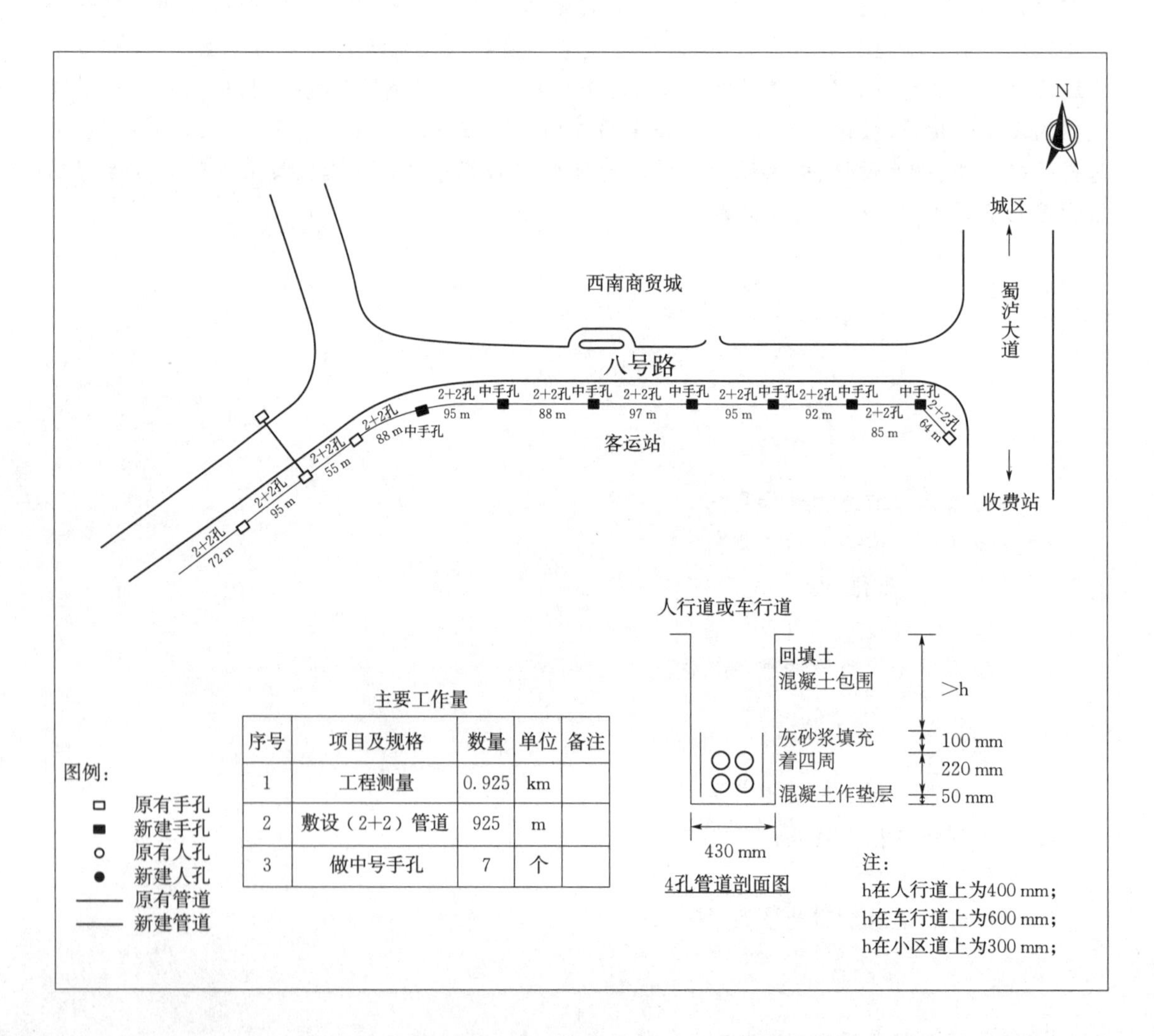

序号	项目及规格	数量	单位	备注
1	工程测量	0.925	km	
2	敷设（2+2）管道	925	m	
3	做中号手孔	7	个	

项目导图

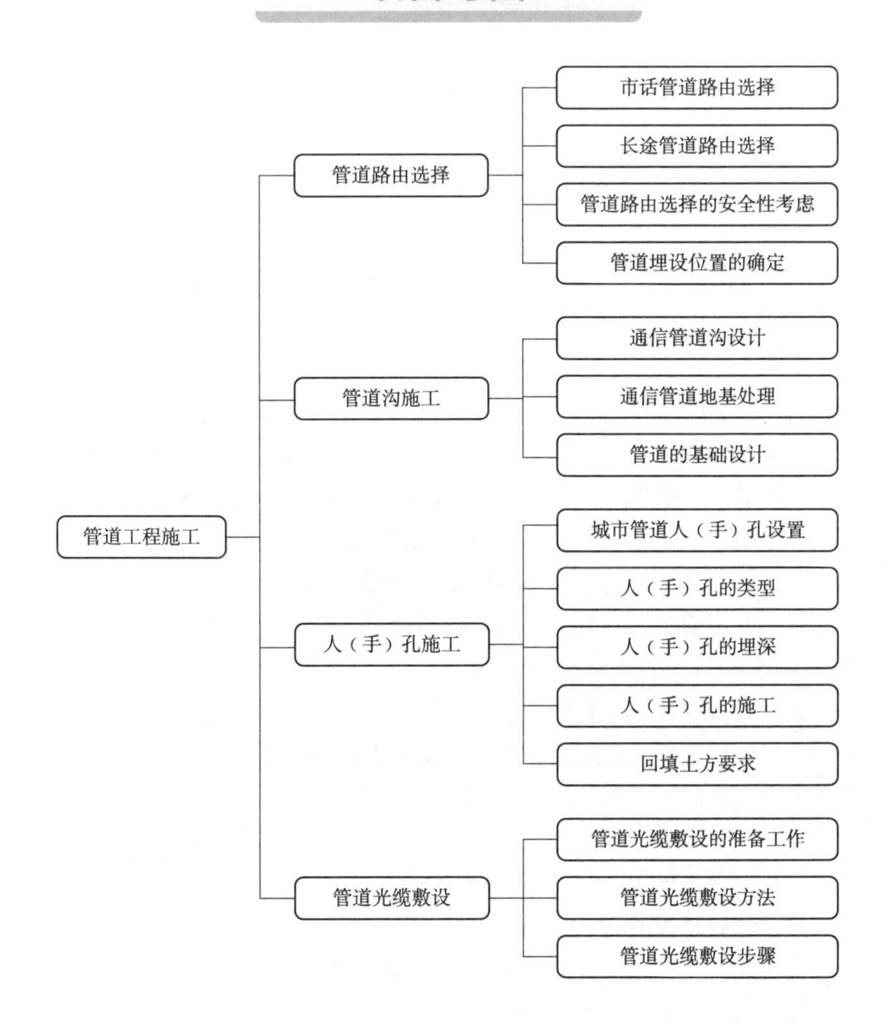

任务一 管道路由选择

通信线缆的敷设方式多种多样，有架空、管道、直埋（包括水底）等敷设方式，那对于不同的工程场景下，如何进行敷设方式的选择呢？本任务主要学习如何进行管道路由选择。

2-2-1 认识通信管道工程

【任务单】

任务单			
任务名称	管道路由选择		
任务类型	讲授课	实施方式	老师讲解、分组讨论、案例学习
面向专业	通信相关专业	建议学时	1学时

任务实施 重难点	重点：了解路由选择原则。 难点：管道敷设位置确定
任务目标	1. 掌握市话管道/长途管道路由选择。 2. 掌握管道路由选择的安全性。 3. 能够进行管道敷设位置的确定

【任务学习】

知识点一　市话管道路由选择

通信管道根据使用功能和区域分为市话管道和长途管道。

在通信局(站)规划明确了线路网络中心和交换区域界线后，为了确保线路网络规划更好地落实，必须对某些道路管道的建设方案进行调查。如果在某些道路中，由于种种原因，不适于建设管道，这时可能要重新修订线路网络的规划方案。

在管道路由选择过程中，一方面要对用户进行预测及对通信网络发展的动向和全面规划有充分的了解；另一方面要处理好城市道路建设和环境保护方面与管网安全的关系。

市话管道路由选择的一般原则可归纳如下：

(1)符合地下管线长远规划，并考虑充分利用已有的管道设备。

(2)在电话线路较集中的街道，适应光(电)缆发展的要求。

(3)尽量不在沿交换区域界线、铁路、河流等地域敷设管道。

(4)选择供线最短，尚无敷设管道(包括不同运营商的管道)的路段。

(5)选择地上及地下障碍最少、施工维护方便的道路(如没有沼泽、水田、盐渍土壤和没有流砂或滑坡可能的道路)建设管道。

(6)尽可能避免在化学腐蚀或电气干扰严重的地带敷设管道，必要时应采取防腐措施。

(7)避免在路面狭窄的道路中建管道。

(8)在交通繁忙的街道敷设管道时，应考虑在施工过程中有临时疏通行人及车辆的可能。

(9)在技术和经济的不同层面做多种方案的比较。

知识点二　长途管道路由选择

(1)长途通信管道是当地城建和长—市地下通信管线网的组成部分，应与现有的管线网及其发展规划相匹配。

(2)管道应建在光(电)缆发展条数较多、距离较短、转弯和故障较少的定型道路上。

(3)不宜在规划未定、道路土壤尚未夯实、流沙及其他土质尚不稳定的地方建筑管道，必要时，可改建防护槽道。

(4)尽量选择在地下水位较低的地段。

(5)尽量避开有严重腐蚀性的地段。

(6)一般应选择在人行道下，也可以建在慢车道下，不应建在快车道下。

知识点三 管道路由选择的安全性考虑

管道路由应选择地质稳固、地势平坦、施工少的路由进行敷设。路由选择时。应选择在公路内侧敷设，尽量避开易滑坡(塌方)、水冲、开发建设等范围，以及各种易燃、易爆等威胁大的位置。一般情况下应不选择或少选择下列地点：

(1)易滑坡(塌方)新开道路路肩边，易取土、易水冲刷的山坡、河堤、沟边等斜坡、陡坡边。

(2)易水冲的山地汇水点、河流汇水点、桥涵的护坡边缘。

(3)易开发建设的经济开发区、新道路规划、市政设施规划、农村自建房用地等范围。

(4)地下大型、隐蔽的供水、供电、排污沟渠，以及易燃、易爆的其他管线。

(5)含有酸、碱强腐蚀或杂散电流电化学腐蚀严重影响的地段。

知识点四 管道敷设位置的确定

在已经拟定的管道路由上确定管道的具体位置时，应和城建部门密切配合，并考虑以下因素：

(1)管道敷设位置应尽可能选择在市话杆路的同一侧，以便将地下电缆引出配线，减少穿越马路和与其他地下管线交叉穿越的可能。

(2)应尽可能选择在人行道下敷设，由于人行道的交通量小，对交通的影响也小，施工管理较方便，不需破坏马路面，管道敷设的深度较浅，可以减省土方量，节省施工费用，还能缩短工期；同时，在人行道下敷设，管道的荷重较小，同样的建筑结构，管道有较高的安全保证。

(3)如不能在人行道下敷设时，则尽可能选在人行道与车行道间的绿化地带，但此时应注意避开并保护绿化树木花草；同时还要考虑管道建成后，绿化树木的根系对管道可能产生的破坏作用。

(4)如地区环境要求管道必须在车行道下敷设时，应尽可能选择离中心线较远的一侧或在慢车道下敷设，并应尽量避开街道的排水管线。

(5)管道的中心线，原则上应与房屋建筑红线及道路的中心线平行。遇道路有弯曲时，可在弯曲线上适当的地点设置拐弯人孔，使其两端的管道取直；也可以考虑将管道顺着路肩的形状建筑弯管道；同一段管道不能出现S弯。

(6)管道位置不宜紧靠房屋的基础。

(7)尽可能远离对光(电)缆有腐蚀作用及有电气干扰的地带，如必须靠近或穿过这些地段时，应考虑采取适当的保护措施。

(8)避免在城市规划将来要改建或废除的道路中敷设管道。有些道路规划和目前道路情况有较大的出入时，如按规划要求敷设管道，将穿过较多的旧房、湖沼或洼地等障碍物，从而增加额外的工程费用，又增加施工困难；如无法和相关单位协商解决时，可以采取临时性的过渡措施。例如，使用直埋光(电)缆穿越或选择迂回的管道路由，待条件成熟时再进行永久性的管道敷设。采用迂回路由使工程的建设费用虽有增加，但建成后增加了网络调度的安全性和灵活性。

(9)硅芯塑料通信管道除沿公路敷设外，也可以在高等级公路、一般公路、市政街道及其他地段敷设。其敷设位置应便于塑料通信管道、线缆的施工和维护及机械设备的运输，且符合表2-2-1的要求。

表 2-2-1　硅芯塑料通信管道敷设位置选择

序号	敷设地段	塑料管道敷设位置
1	高等级公路	中间隔离带
		边沟
		路肩
		防护网内
2	一般公路	定型公路：边沟、路肩、边沟与公路用地边缘之间，也可离开公路敷设，但距离不宜超过 200 m
		非定型公路：离开公路敷设，但距离不宜超过 200 m。避开公路升级、改道、取直、扩宽和路边规划的影响
3	市政街道	人行道
		慢车道
		快车道
4	其他地段	地势较平坦、地质稳固、石方量较小
		便于机械设备运达

(10)通信管道和其他管线及建筑物之间的最小净距应符合表 2-2-2 的要求。

表 2-2-2　管道和其他管线及建筑物之间的最小净距标准

其他管线及建筑物名称		平行时(m)	交越时(m)
其他通信管道边缘(不包括人孔)		0.5	0.15
其他直埋通信线路		0.75	0.25
埋式电力电缆	电压＜35 kV	0.5	0.5
	电压≥35 kV	2	
供水管	管径＜30 cm	0.5	0.15
	30 cm≤管径≤50 cm	1	
	管径＞50 cm	1.5	
高压石油管、高压天然气管		10	0.5
排水管		1.0(注 1)	0.5(注 2)
热力管		1.0	0.25
煤气管	压力＜0.3 MPa	1	0.3
	0.3 MPa≤压力≤0.8 MPa	2	0.3
马路边石		1.0	—
路轨外侧		2.0	—
房屋建筑红线(或基础)		1.5	—
绿化	乔木	1.5	—
	灌木	1.0	—

续上表

其他管线及建筑物名称	平行时(m)	交越时(m)
地上杆柱	0.5～1.0	—
水井、坟墓	2	—
猪圈、粪坑、厕所、积肥地、沼气池、氨水池	2	—

注:1. 主干排水管后敷设时,其施工边沟与管道间的水平净距不宜小于 1.5 m。
2. 当管道在排水管下部穿越时,净距不宜小于 0.4 m,通信管道应做包封,包封长度自排水管两侧各 2 m。
3. 在交越处 2 m 范围内,煤气管不应做接合装冒和附属设备。
4. 如电力电缆加保护管时,净距可减小至 0.15 m。

【任务实施】

按照本组分析、讨论、归纳的结果生成任务报告单。

任务报告单

实施人员信息			
姓名		学号	
组别		组内承担任务	
序号	任务名称	任务报告	
1	管道路由选择	市话管道场景: 长途管道场景: 安全性考虑:	
2	管道敷设位置选择	如何确定管道敷设位置:	

【任务考核】

1. 市话管道路由选择原则是什么?
2. 简述长途管道路由选择原则。
3. 如何确定管道敷设位置?

【考核评价】

总结评价(学生完成)
任务总结

续上表

任务实施情况			
1. 任务是否按计划时间完成? 2. 相关理论完成情况。 3. 任务完成情况。 4. 语言表达能力及沟通协作情况。 5. 参照通信工程项目作业程序、国家标准对整个任务实施过程、结果网行自评和互评			
学生自评(A/B/C)	组内互评(A/B/C)	小组评价(A/B/C)	总等级(A/B/C)
注:A 优秀,B 合格,C 不合格			

考核评价表(教师完成)					
学号		姓名		考核日期	
任务名称	管道路由选择			总等级	
任务考核项	考核等级	考核点			等级
素养评价	A/B/C	A:能够完整、清晰、准确地回答任务考核问题。 B:能够基本回答任务考核问题。 C:基础知识掌握差,任务理解不清楚,任务考核问题回答不完整			
知识评价	A/B/C	A:熟悉任务的实施步骤,独立完成任务,有能力辅助其他同学完成规定的工作任务,实施快速,准确率高。 B:基本掌握各个环节实施步骤,有问题能够主动请教其他同学,基本完成规定的工作任务,准确率较高。 C:未完成任务或只完成了部分任务,有问题没有积极向其他同学请教,工作实施拖拉、不积极,各个部分的准确率差			
能力评价	A/B/C	A:不迟到、不早退,对人有礼貌,善于帮助他人,积极主动完成规定工作任务,笔记完整整洁,回答老师提问完全正确。 B:不迟到、不早退,在教师督导和他人辅导下,能够完成规定工作任务,回答老师提问较准确。 C:未完成任务或只完成了部分任务,有问题没有积极向其他同学请教,工作实施拖拉、不积极,不能准确回答老师提出的问题			

任务二　管道沟施工

通信管道的剖面设计是通信管道设计的重点内容,它要确定通信管道与人(手)孔的各个部分在地下的标高、深度、沟(坑)断面设计及和其他管线跨越时的相对位置与所采取的保护措施。

【任务单】

任　务　单			
任务名称	管道沟施工		
任务类型	讲授课	实施方式	老师讲解、分组讨论、案例学习
面向专业	通信相关专业	建议学时	1学时
任务实施重难点	重点:通信管道的剖面设计原则。 难点:通信管道剖面施工规范		
任务目标	1. 掌握沟槽断面的设计、开挖要点。 2. 掌握管道地基的处理。 3. 掌握管道基础设计、施工方法		

【任务学习】

知识点一　通信管道沟设计

通信管道沟的挖掘影响道路交通、建筑物和施工人员安全,并关系工程土方量,所以通信管道沟设计是通信管道设计的重要组成部分。

1. 如何设计沟槽的断面

沟槽的横截面形状(图2-2-1)应结合通信管道埋深、土壤性质、地面荷载及施工条件考虑。通信管道沟槽的横截面分陡峭沟槽和斜坡沟槽两种。

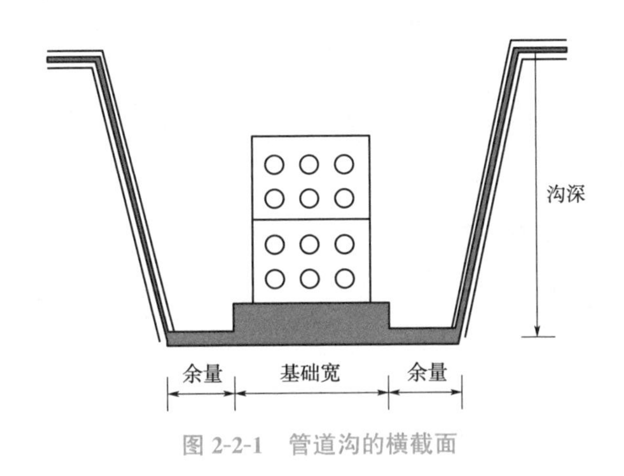

图2-2-1　管道沟的横截面

(1)陡峭沟槽

陡峭沟槽即沟槽的上部和下部宽度相等。挖掘这种沟槽,必须在土质及含水量较好的地段进行,并立即铺管施工。一般选择较为松软的土壤,陡峭沟槽沟深不能大于1 m,中等密实土壤沟深不能大于1.5 m,坚硬土壤沟深不能大于2 m。

(2)斜坡沟槽

通信管道工工期较长时,一般采用斜坡沟槽。挖沟时采用的坡度视土质情况而定,相关要求见表2-2-3。

表 2-2-3　不同土壤中通信沟槽沟壁的坡度

土壤种类	垂直,水平	
	沟深< 2 m	2 m<沟深< 3 m
黏土	1∶0.1	1∶0.15
砂质黏土	1∶0.15	1∶0.2
砂质垆坶	1∶0.25	1∶0.5
瓦砾、卵石	1∶0.5	1∶0.7
炉渣、回填土	1∶0.75	1∶1

注:通信管道沟槽在施工过程中需做保护措施的情况。

为防止挖掘通信管道沟槽时沟槽侧壁塌陷,在以下情况的设计时应考虑加设保护措施。

①土质差、地下水位高于沟底。

②沟深大于 1.5 m、沟边距房屋等建筑物水平距离小于 15 m。

③沟深大于 3 m。

④沟深小于 3 m,但土质松散。

⑤横穿车行道施工和通信管道路由平行接近的其他管线距通信管道沟壁小于 0.3 m 时。

通信管道槽壁的保护措施,一般采用支撑护土板的方法,即每隔一定距离,在两侧壁横放、竖放或横竖组合放置木板,用两根或数根圆木抵撑。

2. 通信管道的坡度

2-2-2　通信管道的建筑方式

为避免渗入管孔中的污水或淤泥积于管孔中,造成长时期腐蚀通信光(电)缆或堵塞管孔,相邻两人(手)孔间的通信管道应有一定的坡度,使渗入管孔中的水能随时流入人(手)孔,便于清理。管道的坡度一般应为 0.3%~0.4%,最小不宜低于 0.25%。为减小施工土方量,通信管道斜坡的方向应和地面的斜坡方向一致。

水平地面中通信管道坡度的建筑方法有"一"字形和"人"字形两种,分别如图 2-2-2 和图 2-2-3 所示。

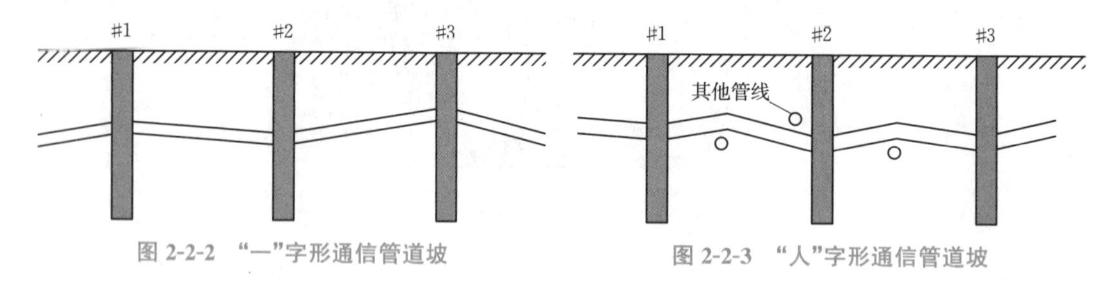

图 2-2-2　"一"字形通信管道坡

图 2-2-3　"人"字形通信管道坡

"一"字形通信管道坡建筑方法简单,容易保证通信管道建筑质量,这是一种最常用的通信管道建筑方式,但在通信管道路由中穿越其他管线时,有时在高程上会出现矛盾。通信管道不得已避让时,应采用施工比较困难的"人"字形通信管道坡建筑方式;采用该种方法时,一般选用塑料管材质。

为使光(电)缆及接头在人(手)孔中有适宜的曲率半径和合理布置,在不过度影响管道坡度和埋深等要求下,应尽量使人(手)孔内两边管道的相对管孔接近一致的水平,在一般情况下相对位置(标高)的管孔高差不应大于 0.5 m,尽量缩小管道错口的程度。

知识点二 通信管道地基处理

通信管道的地基是承受地层上部全部荷重的地层，按建筑方式可分为天然地基和人工地基两种。在地下水位很低的地区，如果通信管道沟原土地基的承载能力超过通信管道及其上部压力的两倍以上，而且又属于稳定性的土壤，则沟底经过平整以后，即可直接在其上敷设通信管道，这种地基属于天然地基。如果土质松散，稳定性差，原土地层必须经过人工加固，使上层较大的压力经过扩散以后均匀地分布于下部承载能力较差的土壤上，这种地基属于人工地基。人工地基有以下几种加固方式：

（1）表面夯实

适用于黏土、砂土大孔性土壤和回填土等的地基。

（2）碎石加固

土质条件较差或基础在地下水位以下。在非稳定性土壤的基坑中放入 10～20 cm 厚的碎石层，然后分层夯实找平，即可在其上敷设通信管道。碎石层厚度管道基坑通常为 10 cm，人(手)孔基坑厚度为 20 cm。有混凝土基础时，碎石层地基宽度比混凝土基础宽出 10～15 cm。

（3）换土法

当土壤承载能力较差，宜挖去原有软土，换以砂、砾石及卵石，并分层夯实(每层约 15 cm 厚)，以提高土壤的承受能力。

（4）打桩加固

在土质松软的回填土流砂、淤泥或Ⅲ级大孔性土壤等地区，采用桩基加固地基，以提高承载力。目前常采用混凝土桩加固，为增加混凝土的韧性，可在圆截面的轴线方向配钢筋。在支撑桩上建筑通信管道方式如图 2-2-4 所示，桩位布置如图 2-2-5 所示。

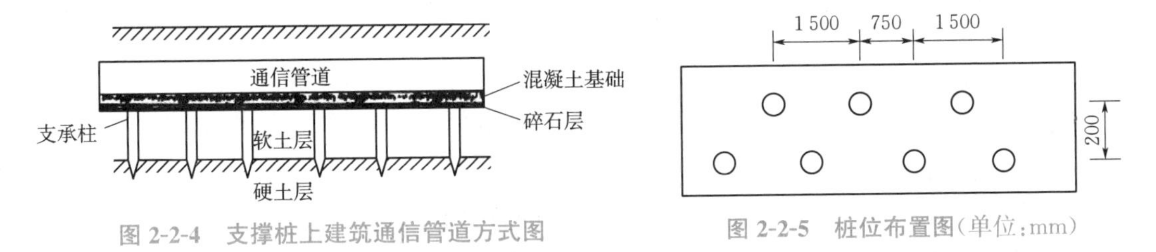

图 2-2-4 支撑桩上建筑通信管道方式图

图 2-2-5 桩位布置图(单位:mm)

知识点三 管道的基础设计

1. 管道基础的分类

管道的基础是管道与地基中间的媒介结构，它支承管道，管道的荷重均匀传布到地基中。管道一般均应有基础，基础有灰土基础、混凝土基础、钢筋混凝土基础等，不同的基础具有不同的优点、缺点，必须根据不同的场合加以选用。

（1）灰土基础

灰土用消石灰和良好的细土，按体积比 3∶7 或 2∶8 拌和均匀，虚铺 22～25 cm 厚，加适量的水分夯实至 15 cm 而成(为一层)。此基础具有经济实用、早期强度低但强度随时间增加而提高、抗拉及抗剪很差和抗溶性及抗冻性较差的特点。这种基础不适于在有不均匀沉陷的地基上使用，必须将其建筑在地下水位以上，冰冻线以下。

灰土也可用生石灰、砂及过筛的净土以 1∶3∶6 的比例拌和均匀，分层夯实而成。这种基础石灰用量省，抗压强度增强，但抗拉及抗剪更差。不同配比灰土基础的材料用量见表 2-2-4。

表 2-2-4　土配比

材料名称	单位	配比值			
		2∶6	2∶8	3∶7	4∶6
生石灰	kg	182	146	218	291
过筛的净土	m^3	1.1	1.2	1.0	0.9

(2)混凝土基础

混凝土由水泥、砂、石及水按一定的配比拌匀、浇灌、捣制而成。通信管道工程用到的混凝土标号一般为 C10、C20、C30 等，工程中根据荷载及基础情况选用不同标号的水泥。通信管道中的混凝土基础一般厚度为 8 cm，宽度比所承载的通信管道底边宽 5～8 cm，通常为 8 cm。混凝土基础具有抗压强度高、抗拉强度较低的特点。这种基础适用于一般性土壤和跨距较小的场合。一般混凝土的强度是指凝固 28 天后的强度。

(3)钢筋混凝土基础

钢筋混凝土由钢筋、水泥、砂、石及水按一定的配比拌匀、浇灌、捣制而成。钢筋混凝土基础具有抗压和抗拉强度都很高的特点，起的是梁的作用，所以必须在其受拉力的区域适当地布置钢筋，以增强其抗拉能力。

下列地区宜采用钢筋混凝土基础：

①跨越沟渠基础在地下水位以下，冰冻层以内。

②土质很松软的回填土。

③淤泥流砂。

④Ⅲ级大孔性土壤。

⑤跨越沟渠。

2. 管道基础的选用

通信管道基础的建筑应与地基条件及所选用的管材相适应。抗弯强度较差的管材要求较坚实的基础，抗弯能力较强的管材对基础的要求相对不高。常用管材种类有水泥管、塑料管、钢管三种。下面介绍在这三种材质下各类基础的具体做法和场合的选用。

(1)水泥管通信管道基础

水泥管通信管道常用的基础有灰土基础、混凝土基础和钢筋混凝土基础三种。

(2)塑料管、钢管通信管道基础

除非在非稳定性土壤中敷设需采用地基加固的方法外，在土质较好的情况下，一般不考虑设置基础。其他则按照土质不同，采用不同的地基处理或进行简单的砂基础处理。砂基础一般使用含水量为 8%～12%的中砂或粗砂夯实如图 2-2-6 所示。砂中不宜含各种坚硬物，以免伤及管材。砂基础也可用过筛的细土取代砂。

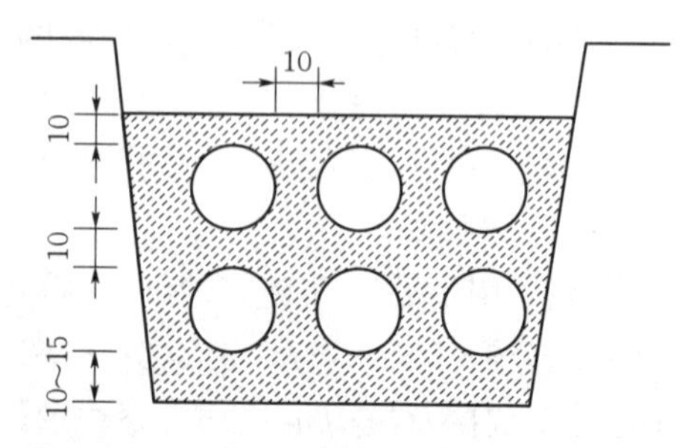

图 2-2-6　硬聚乙烯管铺端面(单位：mm)

【任务实施】

按照本组分析、讨论、归纳的结果生成任务报告单。

任务报告单

实施人员信息			
姓名		学号	
组别		组内承担任务	
序号	任务名称	任务报告	
1	设计沟槽的断面	陡峭沟槽： 斜坡沟槽：	
2	设置管道地基	表面夯实法： 碎石加固法： 换土法： 打桩加固法：	
3	管道基础施工	方法步骤：	

【任务考核】

1. 通信管道沟槽可以分为哪几种？
2. 管道的基本结构要求有哪些？

【考核评价】

总结评价(学生完成)			
任务总结			
任务实施情况			
1. 任务是否按计划时间完成？ 2. 相关理论完成情况。 3. 任务完成情况。 4. 语言表达能力及沟通协作情况。 5. 参照通信工程项目作业程序、国家标准对整个任务实施过程、结果进行自评和互评			
学生自评(A/B/C)	组内互评(A/B/C)	小组评价(A/B/C)	总等级(A/B/C)
注：A优秀，B合格，C不合格			

考核评价表(教师完成)					
学号		姓名		考核日期	
任务名称	管道沟施工			总等级	
任务考核项	考核等级	考核点			等级
素养评价	A/B/C	A:能够完整、清晰、准确地回答任务考核问题。 B:能够基本回答任务考核问题。 C:基础知识掌握差,任务理解不清楚,任务考核问题回答不完整			
知识评价	A/B/C	A:熟悉任务的实施步骤,独立完成任务,有能力辅助其他同学完成规定的工作任务,实施快速,准确率高。 B:基本掌握各个环节实施步骤,有问题能够主动请教其他同学,基本完成规定的工作任务,准确率较高。 C:未完成任务或只完成了部分任务,有问题没有积极向其他同学请教,工作实施拖拉、不积极,各个部分的准确率差			
能力评价	A/B/C	A:不迟到、不早退,对人有礼貌,善于帮助他人,积极主动完成规定工作任务,笔记完整整洁,回答老师提问完全正确。 B:不迟到、不早退,在教师督导和他人辅导下,能够完成规定工作任务,回答老师提问较准确。 C:未完成任务或只完成了部分任务,有问题没有积极向其他同学请教,工作实施拖拉、不积极,不能准确回答老师提出的问题。			

任务三 人(手)孔施工

人(手)孔是管道的终端建筑,地下电缆的接续、分支、引上及再生中继器等都设置在人(手)孔中或从人(手)孔中引接出去。本任务主要学习如何进行人(手)孔的施工。

【任务单】

任务单			
任务名称	人(手)孔施工		
任务类型	讲授课	实施方式	老师讲解、分组讨论、案例学习
面向专业	通信相关专业	建议学时	2学时
任务实施重难点	重点:人(手)孔的施工。 难点:人(手)孔种类及其适用方式		
任务目标	1. 熟知人(手)孔设置原则。 2. 了解人(手)孔类型。 3. 掌握不同场景下人(手)孔的埋深。 4. 能够设计人(手)孔基础。 5. 能够完成人(手)孔回填土		

【任务学习】

知识点一　城市管道人(手)孔设置的原则

人(手)孔设置应遵循以下原则:

(1)为了便于电缆接续和减少引上、引入电缆的长度,一般在有分支引上电缆的汇集点,适宜于电缆接续引上的地点、用户引入点、现在和将来有电缆分支点等处设置人孔。

(2)在街道的弯曲段落,为了减少弯管道的段落长度,或者为使弯管道有较大的曲率半径,应在拐弯处设人(手)孔。

(3)在街道路面坡度较大的地段,为避免管道埋设过深或过浅,应在坡度变换处设置人(手)孔。

(4)管道穿越铁路时,在穿越段两端应设置人(手)孔。

(5)直线段管道,两人(手)孔间距离宜为 120～150 m,以避免电缆施工时受力过大。

人(手)孔的位置一般不宜选在下列地点:

(1)重要的公共场所(如车站、公共场所等)或交通繁忙的房屋建筑门口(如汽车库、消防队、厂矿企业、重要机关等)。

(2)影响交通的路口。

(3)极不坚固的房屋或其他建筑物附近。

(4)有可能堆放器材或其他有覆盖可能的地点。

(5)消火栓、污水井、自来水井等地点附近。

知识点二　人(手)孔的类型

人(手)孔常用的有直通型人孔、拐弯型人孔、手孔、分歧型人孔、局前型人孔等几种,如图 2-2-7 所示。

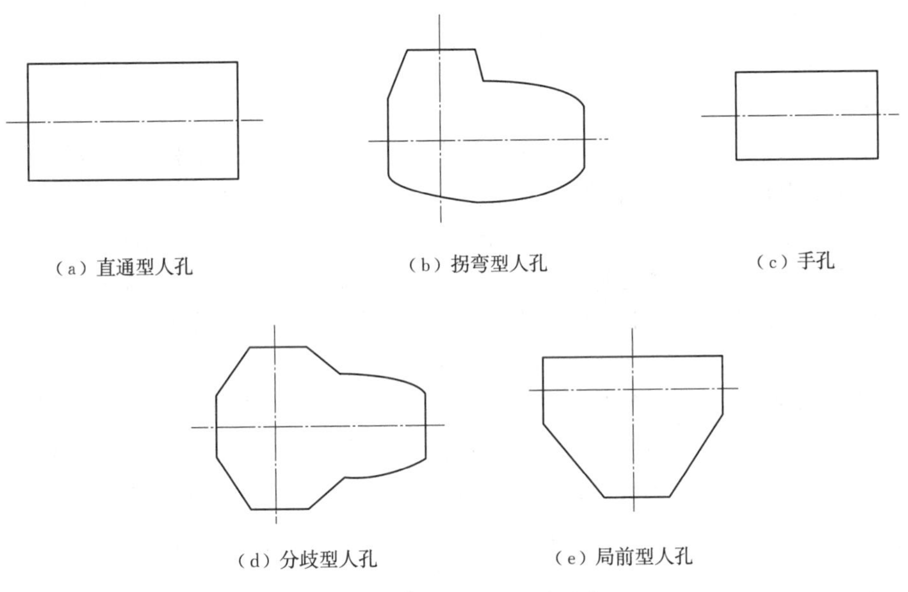

(a) 直通型人孔　(b) 拐弯型人孔　(c) 手孔

(d) 分歧型人孔　(e) 局前型人孔

图 2-2-7　常用人(手)孔形式

按照人(手)孔建筑方式,分为砖砌人(手)孔和钢筋混凝土人(手)孔两种,它们的大小尺寸见表 2-2-5。

表 2-2-5 各种人(手)孔建筑尺寸

人(手)孔型号		长(cm)	宽(cm)	高(cm)	上覆厚度(cm)	四壁厚度(cm)		基础厚度(cm)	容纳管道最多孔数(孔)
						砖砌	钢筋混凝土		
手孔		120	90	110	12	24	—	12	4
小号人孔	拐弯型	210	120	175	12	24	10	12	12
	分歧型	210	120	180	12	24	10	12	12
	局前型	250	220	180	12	37	12	12	24
	直通型	180	120	175	12	37	10	12	12
大号人孔	拐弯型	250	140	175	12	24	10	12	24
	分歧型	250	140	180	1	24	10	12	24
	局前型	437	220	180	12	37	12	12	48
	直通型	240	140	175	12	37	10	12	24

注:表中尺寸均以人孔内净空为准。

知识点三 人(手)孔的埋深

通信管道的埋深取决于其所在地段的土质、水文、地势、冰冻层厚度及与其他地下管线平行交越和避让的要求,还和地面的荷载有关,直接影响管道建筑本身的安全。在保证管线质量的前提下,确定通信管道的埋深,应注意以下几点:

(1)考虑通信管道施工时对邻近管线和建筑物的影响。如房屋较近,应考虑避免影响房屋基础,管道埋深可适当浅些。

(2)考虑水位和水质的情况。如地下水位较高,且水质不好的地带,为保证管道线缆的安全和节约防水工程费用,管道埋深可适当浅些。

(3)路由表面的土壤由杂土回填而成,土质松软,稳定性较差,管道埋深可适当深些,以减少地基及基础的处理费用。考虑冰冻层的厚度及发生翻浆的可能性,一般将通信管道建筑在冰冻线以下。如果地下水位很低,不致发生翻浆的现象,通信管道采取适当的措施可以敷设在冰冻层中。

(4)管道如分期敷设时,应满足远期扩建管孔所需的最小埋深要求。

(5)同一街道中通信管道敷设的位置不同,其承载的负荷也不同。负荷小的地方,如绿化地带、人行道,管道埋深可适当浅些;在负载大的车行道,管道埋深可适当深些。

(6)管道所用的管材强度和建筑方式要求不同,埋深也不一样。不同类型的管材允许的最小埋深见表 2-2-6。

表 2-2-6　管道的最小埋深

管道类型	有路面或铁路路基面至管顶最小埋深(m)			
	人行道	车行道	电车轨道	铁路轨道
混凝土管	0.5	0.7	1.0	1.5
铁管	0.2	0.4	0.7	1.2
石棉水泥管	0.5	0.7	1.0	1.5
塑料管	0.5	0.7	1.0	1.5

(7)考虑道路改建等因素,通信管道的埋深应保证不因路面高程的变动而影响通信管道的最小埋深。设计时,应考虑在人(手)孔口圈下垫三层砖,以适应路面高程的变动。

(8)人(手)孔的埋深应与通信管道的埋深相适应,以便于施工和维护。一般规定通信管道顶部或基底部分分别距人(手)孔上覆或人(手)孔底基面的净空间不小于 30 cm。引上通信管道的管孔应在人(手)孔上覆以下 20～40 cm 处。

(9)与其他地下管线穿越时,需要满足表 2-2-7 所列的最小垂直净距。为了达到管顶至路面的最小埋深,一般可采用改变管群组合所占断面的宽度;或采取适当的保护措施,如混凝土盖板保护或混凝土包封保护,但应注意管顶离路面的高度不小于 30 cm,并保证管道进入人(手)孔的相对高度。

表 2-2-7　通信管道与其他地下管线交叉跨越时的最小垂直净距

管道及建筑物名称		最小垂直净距(m)	附　注
给水管		0.15	—
排水管	在通信管道下部	0.15	—
	在通信管道上部	0.4	穿越处包封,包封长度按排水管底宽两边
热力管沟		0.25	小于 0.25 m 时,交越处加导热槽,长度按热力管两边各加长 1 m
天然气管		0.15	在交越处 2 m 内不得有接合装置,通信管道包封 2 m
其他通信光(电)缆、电力及电车电缆	直埋式	0.5	—
	在管道中	0.15	—
明沟沟底		0.5	穿越处包封,并伸出明沟两边 3 m
涵洞基础底		0.15	—
铁路轨底		1.5	—
电气铁道底		1.1	—

知识点四　人(手)孔的施工

1. 人(手)孔概述

(1)人孔由上覆、四壁、基础及相关的附属配件,如人孔口圈、铁盖、拉力环、穿钉、线缆铁架、线缆托板及积水罐等组成。人孔结构如图 2-2-8 所示,相关附属配件如图 2-2-9 所示。

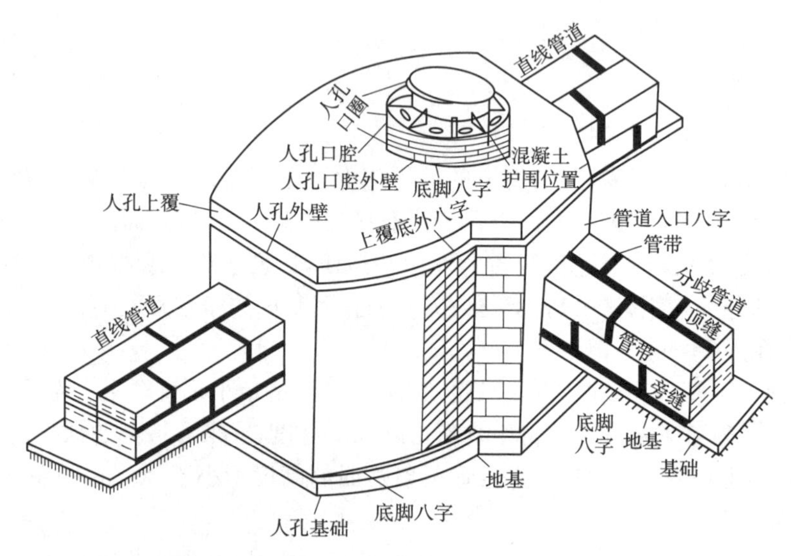

图 2-2-8　人孔结构图

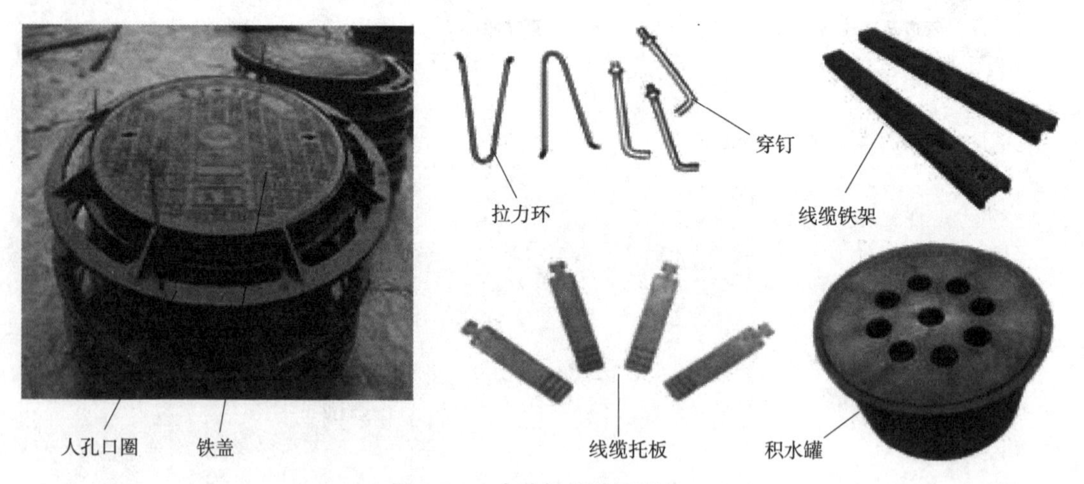

图 2-2-9　人孔相关附属配件

人孔口圈和铁盖由铸铁制成,并根据允许荷载不同分为人行道用和车行道用两种。铁盖分为外盖和内盖。为防止被盗,铁盖除采取加装防盗锁措施外,还可以采用其他材料制成的井盖。在城区以外管道可采用混凝土预制板结构人孔盖,在城区人行道可采用其他新型合成材料加工而成的人孔盖代替常规的人孔铁盖。

常用的人孔有砖砌人孔、混凝土人孔两种构造。砖砌人孔一般用于无地下水或地下水位很低,而且在冰冻层以下。在地下水位很高,冰冻层又很深的地区,以及土质和地理环境较差的地点,多使用混凝土或钢筋混凝土结构的人孔。

(2)手孔一般设置在管道的支线中,手孔容纳的管孔数量很小(4 孔以下),其建筑位置多在人行道下,或在用户进线的庭院中,一般多用砖块砌筑;在地理条件很差,或受压振动很大的地区,也有采用混凝土建筑的。

2. 人(手)孔的基础

人(手)孔的基础是直接与地基接触的,地基的好坏直接影响基础的质量,所以在浇筑前必须按规定进行夯实、抄平,然后校核基础形状、方向、地基高程,支起模板,进行浇筑。基础一般为现场浇筑混凝土,浇注前需按规定挖好积水罐安装坑,安装坑应比积水罐外形四周大 100 mm,坑深比积水罐高度深 100 mm,基础表面应从 4 个方向向积水罐做 20 mm 的泛水。如图 2-2-10 所示。人孔通常用混凝土做基础,基础厚度为 8 cm。局前人孔若建筑在车行道上,一般采用钢筋混凝土结构,钢筋要配置在受拉部位上,混凝土净保护层厚度为 3 cm。

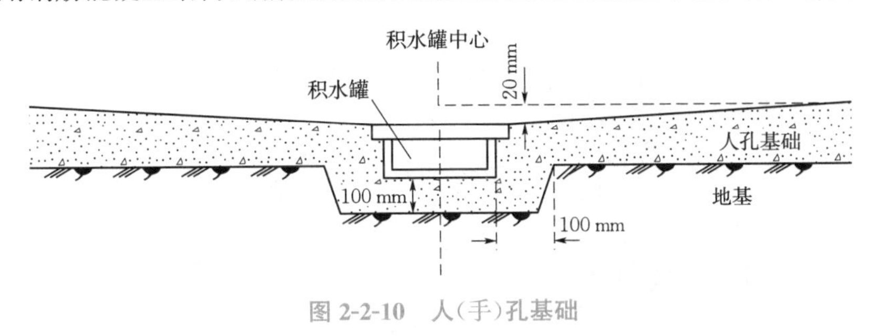

图 2-2-10　人(手)孔基础

3. 人(手)孔四壁

砖砌人(手)孔四壁用红砖砌成;钢筋混凝土人(手)孔用钢筋、石子、水泥建筑。人(手)孔的四壁应安装 V 形拉环和线缆托架穿钉。砌砖人(手)孔铁架穿钉安装如图 2-2-11 所示。

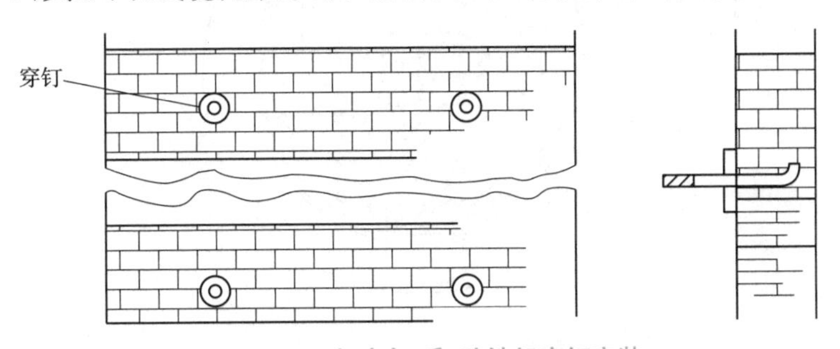

图 2-2-11　砌砖人(手)孔铁架穿钉安装

管道进入人(手)孔应抹成圆楞八字(俗称喇叭口),四周抹成方框,管道进入人(手)孔位置如图 2-2-12 所示。

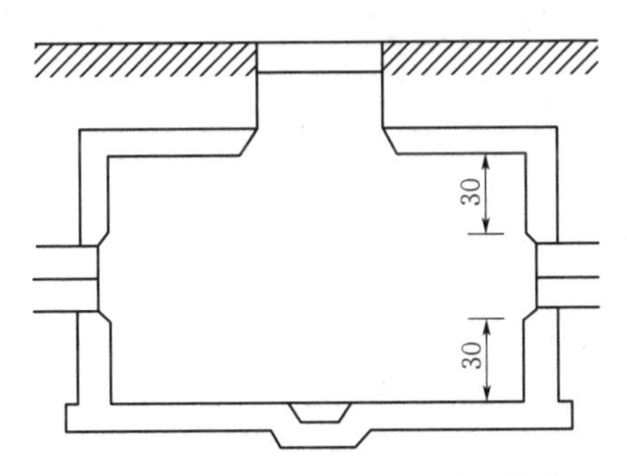

图 2-2-12　管道进入人(手)孔位置(单位:cm)

4. 人孔上覆

为了抽穿和检修电缆，人孔上覆要留有出入口。出入口的上口直径 66 cm，下口直径 70 cm。出入口的中心应与各路管道中心线交点重合，特殊情况下出入口偏离中心线交点不得大于 20 cm，各路管道中心线也不得越出出入口范围以外。人孔上覆有时用预制件运到现场安装，有时在现场浇注。

5. 人孔的附属设备

人孔铁口圈安装在人孔上覆圆形出入口，内径为 65 cm，一般配有双层盖即内盖与外盖。内盖用于锁住铁口圈防止杂物进入人孔。外盖厚实机械强度大，用于封口和保护人孔。人孔铁口圈及铁盖安装如图 2-2-13 所示。

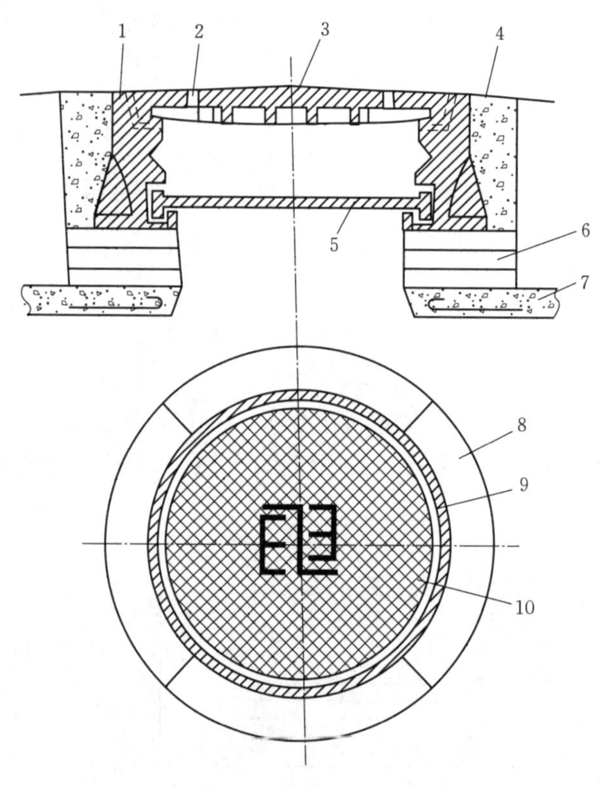

图 2-2-13　人孔铁口圈及铁盖安装

1—铁口圈；2 钥匙孔；3—外铁盖；4—混凝土缘石；5—内铁盖；6—砖缘；7—上覆；
8—混凝土缘石；9—铁口圈；10—外铁盖。

线缆铁架和托板是安装在人孔侧壁上面用以承托线缆的设备，其安装数量和位置根据人孔形状和大小决定。

知识点五　回填土方要求

1. 通信管道回填土

通信管道工程的回填土，应在管道或人(手)孔按施工顺序完成施工内容，并经 24 小时养护和隐蔽工程检验合格后进行。

回填土前，应先清除沟(坑)内的遗留杂物。沟(坑)内如有积水和淤泥，必须排除后方可进行回填土。

通信管道工程回填土，除设计文件有特殊要求外，应符合下列规定：

(1)管道顶部 30 cm 以内及靠近管道两侧的回填土内，不应含有直径大于 5 cm 的砾石、碎砖等坚硬物。

(2)管道两侧应同时进行回填土，每回填土 15 cm 厚，用木夯排夯两遍。两侧轮流进行。

(3)管道顶部 30 cm 以上，每回填土 30 cm 厚，夯实。

(4)严禁用沙子进行回填。

(5)夯实后要求路面与市内主干路面平齐，比一般道路高 5～10 cm，比郊区路面高 15～20 cm。

2. 人(手)孔坑的回填土

人(手)孔坑的回填土应符合下列要求：

(1)在路上的人(手)孔坑两端管道回填土，应按照管道的规定执行。

(2)靠近人(手)孔壁四周的回填土内，不应有直径大于 10 cm 的砾石、碎砖等坚硬物。

(3)人(手)孔每回填土 30 cm，夯实。

(4)人(手)孔坑的回填土，严禁高出人(手)孔口圈的高程。

【任务实施】

按照本组分析、讨论、归纳的结果生成任务报告单。

任务报告单

实施人员信息			
姓名		学号	
组别		组内承担任务	
序号	任务名称	任务报告	
1	判断人(手)孔埋深	混凝土管管道程式对应人行道/车行道/电车轨道/铁路轨道埋深(　　/　　/　　/　　)m。 铁管管道程式对应人行道/车行道/电车轨道/铁路轨道埋深(　　/　　/　　/　　)m。 石棉水泥管管道程式对应人行道/车行道/电车轨道/铁路轨道埋深(　　/　　/　　/　　)m。 塑料管管道程式对应人行道/车行道/电车轨道/铁路轨道埋深(　　/　　/　　/　　)m	
2	区分不同类型的人(手)孔	区分原则：	
3	人(手)孔施工	基础： 四壁： 附属设备：	
4	回填土要求	行业标准：	

【任务考核】

1. 人(手)孔位置的选择主要考虑的因素是什么?
2. 人(手)孔类型有哪些?选择的依据是什么?
3. 人孔附属设备有哪些?作用是什么?

【考核评价】

<table>
<tr><th colspan="4">总结评价(学生完成)</th></tr>
<tr><td colspan="4">任务总结</td></tr>
<tr><th colspan="4">任务实施情况</th></tr>
<tr><td colspan="4">1. 任务是否按计划时间完成?
2. 相关理论完成情况。
3. 任务完成情况。
4. 语言表达能力及沟通协作情况。
5. 参照通信工程项目作业程序、国家标准对整个任务实施过程、结果进行自评和互评</td></tr>
<tr><td>学生自评(A/B/C)</td><td>组内互评(A/B/C)</td><td>小组评价(A/B/C)</td><td>总等级(A/B/C)</td></tr>
<tr><td></td><td></td><td></td><td></td></tr>
<tr><td colspan="4">注:A 优秀,B 合格,C 不合格</td></tr>
</table>

<table>
<tr><th colspan="6">考核评价表(教师完成)</th></tr>
<tr><td>学号</td><td></td><td>姓名</td><td></td><td>考核日期</td><td></td></tr>
<tr><td>任务名称</td><td colspan="3">人(手)孔施工</td><td>总等级</td><td></td></tr>
<tr><td>任务考核项</td><td>考核等级</td><td colspan="3">考核点</td><td>等级</td></tr>
<tr><td>素养评价</td><td>A/B/C</td><td colspan="3">A:能够完整、清晰、准确地回答任务考核问题。
B:能够基本回答任务考核问题。
C:基础知识掌握差,任务理解不清楚,任务考核问题回答不完整</td><td></td></tr>
<tr><td>知识评价</td><td>A/B/C</td><td colspan="3">A:熟悉任务的实施步骤,独立完成任务,有能力辅助其他同学完成规定的工作任务,实施快速,准确率高。
B:基本掌握各个环节实施步骤,有问题能够主动请教其他同学,基本完成规定的工作任务,准确率较高。
C:未完成任务或只完成了部分任务,有问题没有积极向其他同学请教,工作实施拖拉、不积极,各个部分的准确率差</td><td></td></tr>
</table>

续上表

任务考核项	考核等级	考核点	等级
能力评价	A/B/C	A:不迟到、不早退,对人有礼貌,善于帮助他人,积极主动完成规定工作任务,笔记完整整洁,回答老师提问完全正确。 B:不迟到、不早退,在教师督导和他人辅导下,能够完成规定工作任务,回答老师提问较准确。 C:未完成任务或只完成了部分任务,有问题没有积极向其他同学请教,工作实施拖拉、不积极,不能准确回答老师提出的问题	

任务四　管道光缆敷设

管道光缆敷设在市内线缆工程中所占比例是较大的,因此,管道光缆敷设技术是十分重要的。本任务主要学习如何进行管道光缆敷设。

【任务单】

任　务　单			
任务名称	管道光缆敷设		
任务类型	讲授课	**实施方式**	老师讲解、分组讨论、案例学习
面向专业	通信相关专业	**建议学时**	3 学时
任务实施重难点	重点:管道光缆敷设的 3 种方法。 难点:管道光缆敷设步骤		
任务目标	1. 管道清洗。 2. 光缆牵引张力计算。 3. 管道光缆的敷设方法。 4. 管道光缆敷设步骤。 5. 管道光缆敷设注意事项		

【任务学习】

知识点一　管道光缆敷设的准备工作

由于管道路由复杂,光缆所受张力、侧压力不规则,在管道光缆敷设前,要做好管道资料核实及清洗、敷设管道前期准备、牵引张力的计算等工作。

1. 管道资料核实及清洗

(1)管道资料核实

按设计规定的管道路由和占用管孔,检查是否空闲及进、出口的状态。按光缆配盘图核对接头位置所处地貌和接头安装位置,并观察(检查)是否合理和可能。

(2)管孔清洗方法

管孔应清刷干净,清刷工具应包括铁砣、钢丝刷、棕刷、抹布等,铁砣的大小应与管孔适应。对于新管道及淤泥较多的陈旧管道,传统的管孔清洗工具如图 2-2-14 所示。

图 2-2-14 管孔清洗工具示意图

另外,管孔也可用直径合适的圆木试通,由于目前管孔内绝大多数用塑料子管布放光缆,因此圆木的直径按布放三根塑料子管考虑。

注意:在工具制作时,各相关物件应牢固以避免中途脱落或折断,给清洗管道工作带来麻烦。

(3)清洗步骤

久闭未开的人孔内可能存在可燃性气体和有毒气体。人孔作业人员在人孔顶盖打开后应先用换气扇通入新鲜空气对人孔换气,若人孔内有积水,应用抽水机排除。

将洗管器从管孔的一端穿至另一端,洗管器末端连接清洗装置(包括清洗块和钢丝刷),从下一个人孔用动力源抽出洗管器,如图 2-2-15 所示,始端与清洗刷(钢丝刷)等连好,注意清洗工具末端接好牵引铁线,然后从第一人孔抽出洗管器或竹片。用同样方法继续洗通其他管道。

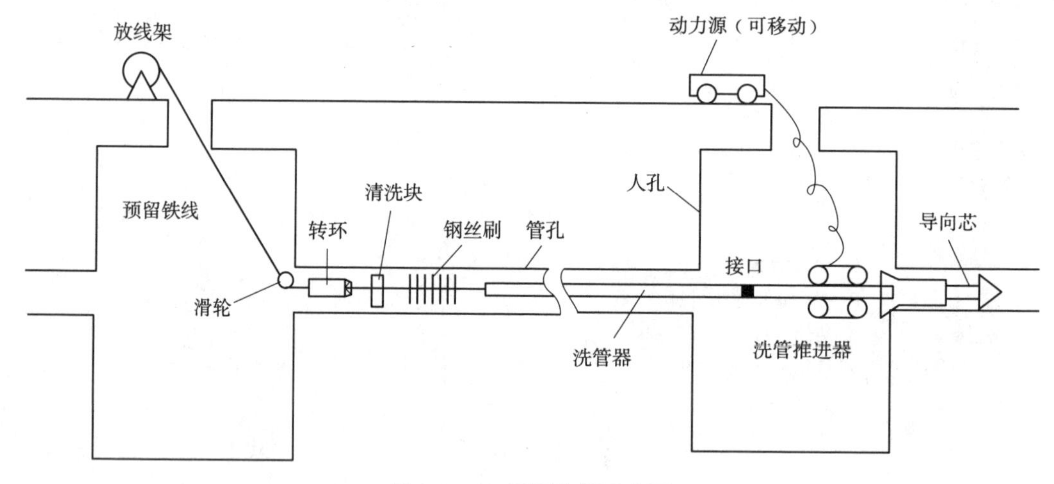

图 2-2-15 机器洗管示意图

淤泥太多时,可用水灌入管孔内进行冲刷使管孔畅通,也可利用高压水枪反复冲洗直至疏通。对于陈旧管道,道路两旁树根长入管孔缝造成故障,或管道接口错位无法通过时,应算准具体位置由建设单位组织修复或更换其他管孔。

2. 敷设管道前期准备

(1)预放塑料子管

随着通信的大力发展,城市电信管道日趋紧张,根据光(电)缆直径小的优点,为充分发挥管道的作用,采用对管孔分割使用的方法,即在一个管孔内采用不同的分隔形式布放塑料子管。通常可以在一个 90 mm 的水泥管道管孔中预放三根塑料子管,其分隔方法如图 2-2-16 所示。

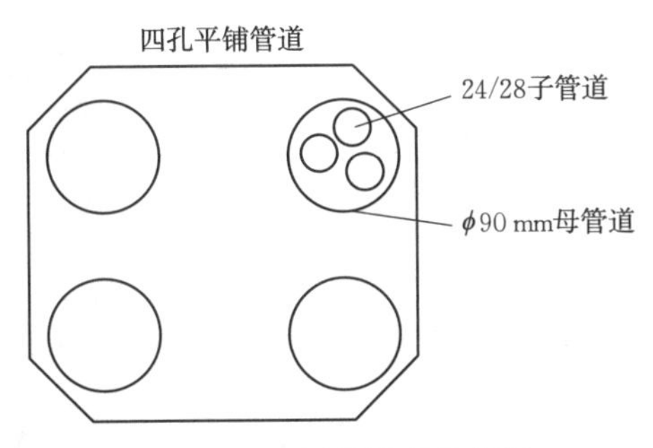

图 2-2-16　子母管道示意图

波纹管内壁光滑平整，外壁呈梯形波纹状，内外壁间有夹壁中空层，是传统水泥管道的替代产品，根据波纹管的内径和外径数值，参照在水泥管道内预放塑料子管的方法，如图 2-2-17 所示。

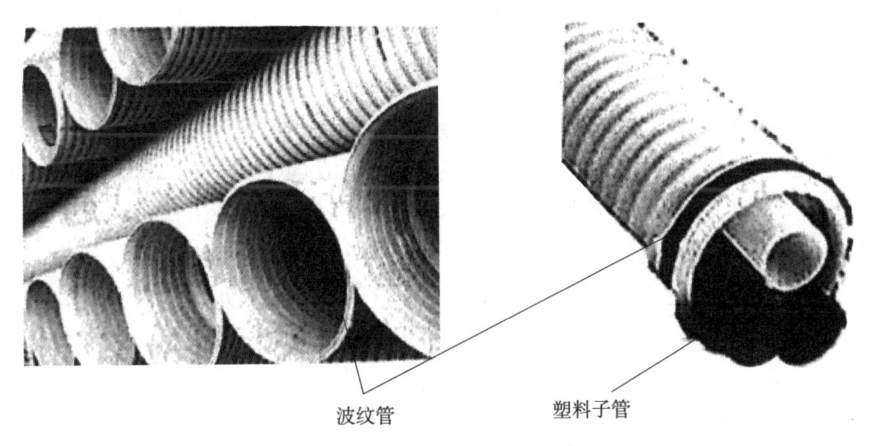

图 2-2-17　波纹管预放塑料子管示意图

布放塑料子管注意事项如下：

①在布放塑料子管时，先把子管在地面上放开量好长度，一般放在要穿孔的地面上，子管不要有接头。

②同时布放两根以上子管时，牵引头应把几根塑料子管绑扎在一起，管头应用塑料胶带包起来，以免管头卡到管块接缝处造成牵引困难。

③井口和管口处要有专人管理，避免将塑料管压瘪。

④在布放子管时地面上的塑料子管尾端应有专人看管，防止塑料子管碰到行人及车辆，另外也应随着布放速度松送、顺直子管。

⑤塑料子管引出管孔 10 cm 以上或按设计留长塞好管孔堵头和子管堵头。

⑥在城区及路口等流动人员较多的地段敷设子管时，应做好醒目的施工标识，注意：过往人员、车辆的安全，并尽量减小所占用的施工场地。

(2)敷设梅花管

梅花管是一种梅花状的 PVC 材料通信管材，又称蜂窝管，此种管材内壁光滑，可直接穿光缆，如图 2-2-18 所示。铺放前应先检查梅花管的质量：梅花管内外壁应光滑、平整、无气泡，检查其是否有裂纹、凹陷、凸起、分解变色线和明显的杂质，管材断面切割应平整、无裂口、无毛刺并与管轴线垂直。

敷设梅花管时应注意以下几点：

①管道的敷设地沟应按设计要求和施工操作尽可能平直，如沟底不平可铺上一层细沙。埋管前应清除沟内的硬质物，防止管道变形。开始埋管时，应将多孔管预留10～15 cm在人井，以便穿缆。应将管堵塞住露在人井端的子管，埋管时严禁泥沙异物混入管内。

②初次安装使用时，可在敷设第一段（两个人井之间的距离）时先不要回填土。用穿管器试穿一孔或两孔，顺利穿入后，再往下段敷设。

③管子敷设好之后，应先用细砂或细土回填到浸没管的高度，不可使管子处于悬空状态，然后回填其他泥土，禁止将大石头、大的干土块砸向管子。

图 2-2-18　梅花管

④当管线经过受外力破坏较严重的地段时，在接孔部分用水泥混凝土包覆，以保证其安全。

一根梅花管的长度一般为6 m，所以在铺放过程中需要连接，梅花管连接时一般采用承插式粘接。将管材定位装置朝上放置，先将端部管材外壁清理干净，插入管接头承接口一端，在另一端面上垫上一块厚木板，用锤头敲打木板，使管材承插到位。在管接头另一端承接口处，将另一根管材直接插入并承插到位，如此顺延至下一个人井处。在实际施工中，每根管材的长度连起来不一定和人井之间的长度一样，在这种情况下，根据实际的人井的长度、距离量好管材的长度，并用钢锯锯断，一定要锯平整。对接完成之后，伸入人井的一端要求用管堵塞好，防止异物侵入。

3. 牵引张力的计算

敷设光缆前，必须计算牵引张力。根据工程用光缆的标称张力，通过对敷设路由牵引张力的估算确定一次牵引的最大敷设长度，以及确定敷设形式。根据路由情况和光缆质量、标称张力计算出正确的牵引张力，对安全敷设光缆（尤其是对于管道敷设）起到决定性的作用。

敷设张力的大小因路由和光缆结构而异，计算时必须摸清路由状况，如线路平直、拐弯、曲线及子管的质量等情况。在工程中选一个段落计算并试牵引是比较合适的，但是所有段落均按公式来计算，显然太费时。对此，一般选择简易的算法。

（1）直线路由的张力计算公式为

$$F=\omega\mu L\,(\mathrm{kg})$$

式中，μ 为摩擦系数；ω 为光缆质量（kg/m）；L 为直线段长度（m）；F 为直线路由的敷设张力（kg）。

（2）其他路由可按下边的经验数据推算：

①上坡坡度（5°时），增加所需张力的25%。

②下坡坡度（5°时），减少所需张力的25%。

③一个拐弯（2 m半径时），增加所需张力的75%。

④如①、③情况同时存在，增加所需张力的120%。

⑤如②、③情况同时存在，增加所需张力的30%。

（3）牵引并采用润滑剂润滑时，摩擦系数将减少40%左右。

知识点二 管道光缆敷设方法

在管道内敷设光缆的方法主要有机械牵引法、人工牵引法和机械与人工相结合的敷设方法。

1. 机械牵引法

机械牵引法是指利用牵引机进行光缆牵引的方法,有以下几种:

(1)集中牵引法

集中牵引法即端头牵引法,牵引钢丝通过牵引端头与光缆端头连好,用终端牵引机按设计张力将整条光缆牵引至预定敷设地点,如图 2-2-19(a)所示。

(2)分散牵引法

不用终端牵引机而是用 2～3 部辅助牵引机完成光缆敷设。这种方法主要是由光缆外护套承受牵引力,在光缆侧压力允许条件下施加牵引力,因此用多台辅助牵引机可通过分散的牵引力协同完成,如图 2-2-19(b)所示。

(3)中间辅助牵引法

这是一种较好的敷设方法,如图 2-2-19(c)所示。它既采用终端牵引机,又使用辅助牵引机。一般以终端牵引机通过光缆牵引端头牵引光缆,辅助牵引机在中间给予辅助使一次牵引长度得到增加。它具有集中牵引和分散牵引的优点,克服了它们各自的缺点。因此,在有条件时选用中间辅助牵引法为好。

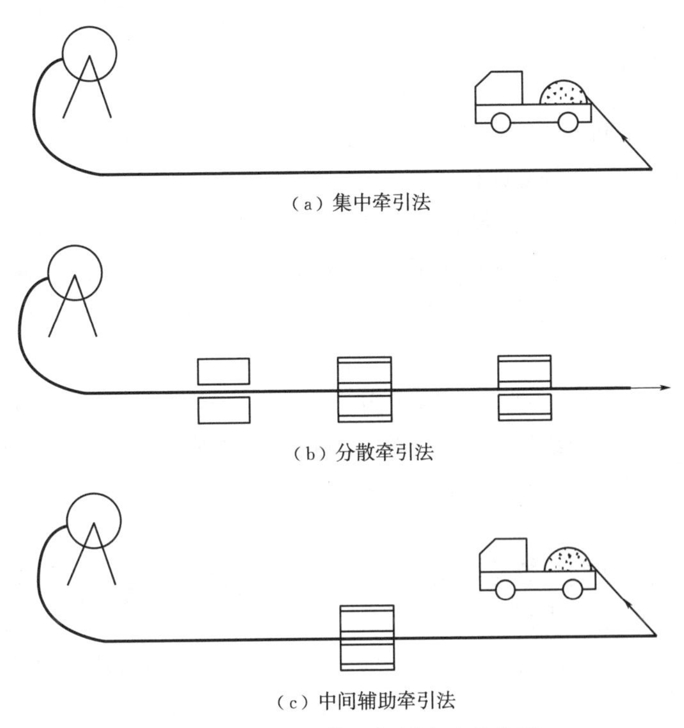

(a) 集中牵引法

(b) 分散牵引法

(c) 中间辅助牵引法

图 2-2-19 光缆敷设机械方法示意图

2. 人工牵引法

由于光缆具有轻、细、软等特点,故在没有牵引机的情况下,可采用人工牵引法来完成光缆的敷设。

人工牵引法的要点是在良好的指挥下尽量同步牵引，一部分人在前边拉牵引索(穿管器或铁线)，每个人孔中有1～2人帮助拉。前边集中拉的人员应考虑牵引力的允许值，尤其在光缆引出口处，应考虑光缆牵引力和侧压力。

采用人工牵引法时，布放长度不宜过长，常用的办法是采用“蛙跳”式敷设法，即牵引出几个人孔后，在当前人孔将引出光缆盘成“∞”字形，然后再向前敷设，如距离长可继续将光缆引出盘成“∞”字形，直至整盘光缆布放完毕。

人工牵引不像机械牵引要求那么严格，但拐弯和引出口处还是安装导引管为宜。人工牵引敷设管道光缆的缺点是不仅浪费人力，还容易因组织不当损伤光缆。

3. 机械与人工相结合的敷设方法

敷设牵引方式基本上如图2-2-19(c)所示，分为中间人工辅助牵引方法和终端人工辅助牵引方法。

(1)中间人工辅助牵引法

终端用终端牵引机作主牵引，在中间适当位置的人孔内由人工帮助牵引，若再用上一部辅助牵引机，这样更可延长一次牵引的长度。

(2)终端人工辅助牵引法

这种方式是中间采用辅助牵引机，开始时用人工将光缆牵引至辅助牵引机，然后这些人员又改在辅助机后边帮助牵引，由于辅助牵引有最大1 960 N的牵引力，所以大大减轻了劳动量，同时延长了一次牵引长度，减少了采用人工牵引法时的盘“∞”字次数，提高了敷设速度。

知识点三　管道光缆敷设步骤

以机械牵引中的中间辅助方式为例介绍管道光缆的敷设步骤。

1. 估算牵引张力，制订敷设计划

为避免盲目施工，要按施工图设计路由进行摸底，调查具体路由状况，统计拐弯、管孔高差的数量和具体位置；施工前必须根据路由调查结果和施工队敷设机具条件，制定切实可行的敷设计划，包括光缆盘、牵引机及导轮安装位置，此外，还包括张力分布和人员配合。

2. 拉入钢丝绳

管道或子管一般已有牵引索，若没有牵引索应及时预放好，牵引索一般用铁丝或尼龙绳。机械牵引敷设时，首先在缆盘处将牵引钢丝绳与管孔内预放牵引索连好，另一端由端头牵引机牵引管孔内预放的牵引索，将钢丝绳引至牵引机位置，并做好牵引准备。

3. 光缆牵引

光缆端头按规定方法制作合格并接至钢丝绳；按牵引张力、速度要求开启终端牵引机；值守人员应注意按计算的牵引力操作；光缆引至辅助牵引机位置后，将光缆按规定安装后，并使辅助机以与终端牵引机相同的速度运转；光缆牵引至牵引人孔时，应留足供接续及测试用的长度；若需将更多的光缆引出人孔，必须注意引出人孔处内导轮及人孔口壁摩擦点的侧压力，要避免光缆受压变形。

4. 管孔的选用原则

合理选用管孔有利于穿放光缆，原则是按先下后上、先两边后中央的顺序安排使用光缆，光缆一般应敷设在靠下和靠侧壁的管孔，管孔必须对应使用。

5. 人孔内光缆的安装

(1)直通人孔内光缆的固定和保护

光缆牵引完毕后,由人工将每个人孔中的余缆沿人孔壁放至规定的托架上,一般尽量置于上层。为了光缆的安全,一般采用蛇皮保护管或 PE 软管保护,并用扎线绑扎使之固定,其固定和保护方法如图 2-2-20 所示。

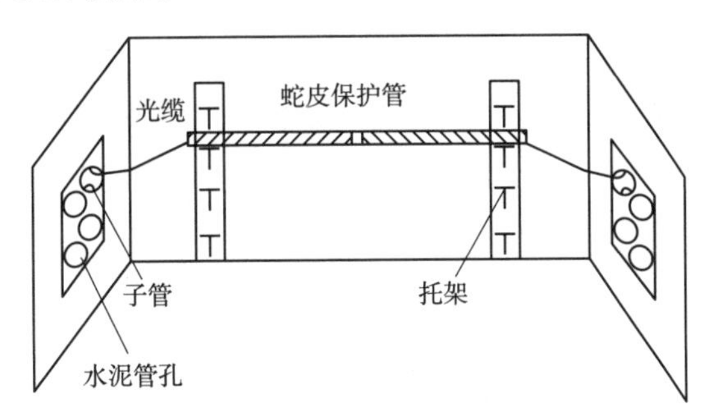

图 2-2-20　人孔内光缆的固定和保护

(2)接续用余留光缆在人孔中的固定

人孔内,供接续用光缆做余留长度一般不少于 8 m,由于接续工作往往要过几天或更长的时间才开始,因此余留光缆应妥善地盘留于人孔内。具体要求如下:

①光缆端头做好密封处理

为防止光缆端头进水,光缆端头应采用热缩密封方式做好密封处理。

②余缆盘留固定

余留光缆应按弯曲的要求盘留固定,盘圈后挂在人孔壁上或系在人孔内盖上,注意端头不要浸泡于水中。

【任务实施】

按照本组分析、讨论、归纳的结果生成任务报告单。

任务报告单

实施人员信息			
姓名		学号	
组别		组内承担任务	
序号	任务名称	任务报告	
1	管道光缆敷设前的准备工作	分步骤阐述:	
2	敷设管道	第一步: 第二步: 第三步:	
3	具体说明完整的管道光缆敷设流程	步骤:	

【任务考核】

1. 墙内暗管穿放线缆时,应涂抹什么?
2. 管道光缆敷设有哪几种方法?

【考核评价】

<table>
<tr><th colspan="4">总结评价(学生完成)</th></tr>
<tr><td colspan="4">任务总结

</td></tr>
<tr><th colspan="4">任务实施情况</th></tr>
<tr><td colspan="4">1. 任务是否按计划时间完成?
2. 相关理论完成情况。
3. 任务完成情况。
4. 语言表达能力及沟通协作情况。
5. 参照通信工程项目作业程序、国家标准对整个任务实施过程、结果进行自评和互评</td></tr>
<tr><td>学生自评(A/B/C)</td><td>组内互评(A/B/C)</td><td>小组评价(A/B/C)</td><td>总等级(A/B/C)</td></tr>
<tr><td></td><td></td><td></td><td></td></tr>
<tr><td colspan="4">注:A优秀,B合格,C不合格</td></tr>
</table>

<table>
<tr><th colspan="6">考核评价表(教师完成)</th></tr>
<tr><th>学号</th><td></td><th>姓名</th><td></td><th>考核日期</th><td></td></tr>
<tr><th>任务名称</th><td colspan="3">管道光缆敷设</td><th>总等级</th><td></td></tr>
<tr><th>任务考核项</th><th>考核等级</th><th colspan="3">考核点</th><th>等级</th></tr>
<tr><td>素养评价</td><td>A/B/C</td><td colspan="3">A:能够完整、清晰、准确地回答任务考核问题。
B:能够基本回答任务考核问题。
C:基础知识掌握差,任务理解不清楚,任务考核问题回答不完整</td><td></td></tr>
<tr><td>知识评价</td><td>A/B/C</td><td colspan="3">A:熟悉任务的实施步骤,独立完成任务,有能力辅助其他同学完成规定的工作任务,实施快速,准确率高。
B:基本掌握各个环节实施步骤,有问题能够主动请教其他同学,基本完成规定的工作任务,准确率较高。
C:未完成任务或只完成了部分任务,有问题没有积极向其他同学请教,工作实施拖拉、不积极,各个部分的准确率差</td><td></td></tr>
</table>

续上表

任务考核项	考核等级	考核点	等级
能力评价	A/B/C	A:不迟到、不早退,对人有礼貌,善于帮助他人,积极主动完成规定工作任务,笔记完整整洁,回答老师提问完全正确。 B:不迟到、不早退,在教师督导和他人辅导下,能够完成规定工作任务,回答老师提问较准确。 C:未完成任务或只完成了部分任务,有问题没有积极向其他同学请教,工作实施拖拉、不积极,不能准确回答老师提出的问题	

项目三
直埋工程施工

项目引入

直埋工程是将带有外保护层的光(电)缆直接埋于地下土壤中。与架空光(电)缆工程相比较,直埋光(电)缆使用寿命长、维护费用较低、受自然环境影响小,但是初建时投资比较高,光(电)缆设备的拆除和修理较困难。与管道光(电)缆相比较,直埋光(电)缆建筑费用低,施工简便,但由于埋入地下,维修和查修障碍较为困难。本项目将从直埋路由选择和直埋光缆敷设两个任务来学习。

项目目标

知识目标

1. 掌握直埋路由选择原则。
2. 熟知直埋工程挖沟标准。
3. 熟知直埋光(电)缆的布放方法。
4. 掌握直埋式光(电)缆线路敷设工作流程。

能力目标

1. 能够正确合理选择直埋路由位置。
2. 能够规范开挖沟。
3. 能够完成过河直埋光(电)缆的敷设。
4. 能够进行直埋光(电)缆敷设。

素养目标

1. 培养行业职业操守、职业精神及求真务实、专业敬业的工匠精神。
2. 能够理解并遵守直埋工程相关的国家标准、行业规范和安全操作规程。
3. 培养吃苦耐劳、勇于奉献的精神,有抱负、有理想,勇担民族复兴使命,发扬时代精神。

项目描述

现有一直埋光缆施工工程，如下图所示。建筑单位要求在保持现有新生路的基础上，拓宽新生路。直埋线缆敷设时需要跨越铁路施工，该铁路交通量大，所以经过铁路管理部门同意在跨越处采用顶管法施工；该直埋光缆线路路由沿新生路平行敷设，途中经过铁路、房屋、草地、碎石堆等，其中包括一间民用临时性房子，它离现有道路中心线的距离为 7.2 m。敷设过程中，每隔 50 m 的对应位置均标有该点的地面高程、沟底高程及相应的挖深，通过这些数据决定施工时的具体开挖要求。光缆敷设入沟前先填 10 cm 细土，放入光缆后，再填 10 cm 细土，然后铺砖保护，最后才是回土，并夯实至与路齐平，沟的实际挖深为 1.1 m。

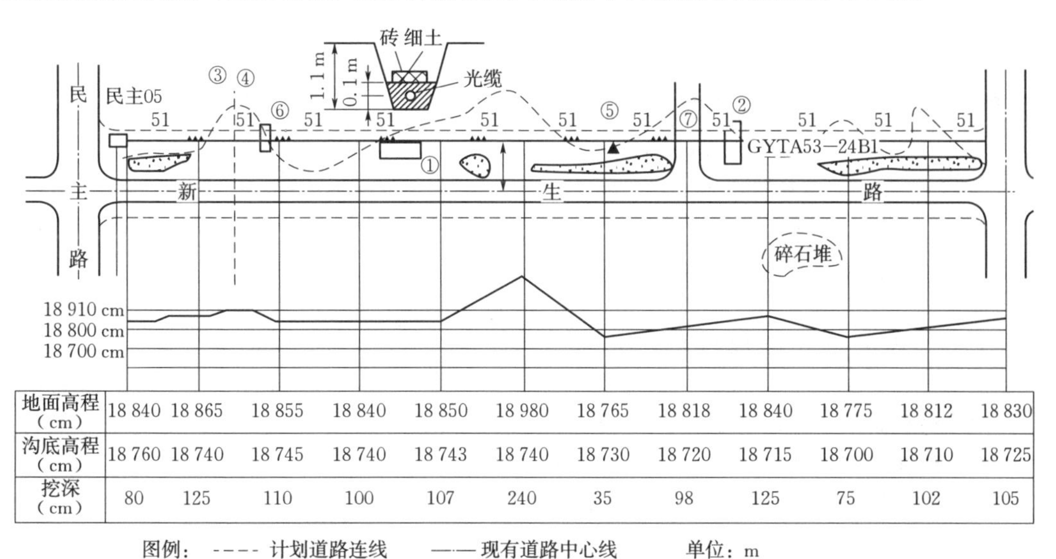

地面高程（cm）	18 840	18 865	18 855	18 840	18 850	18 980	18 765	18 818	18 840	18 775	18 812	18 830
沟底高程（cm）	18 760	18 740	18 745	18 740	18 743	18 740	18 730	18 720	18 715	18 700	18 710	18 725
挖深（cm）	80	125	110	100	107	240	35	98	125	75	102	105

注：①光缆于屋后通过施工应加装保护装置；
②光缆需要穿越该临时性的小屋且已征得屋主同意，竣工后应快速修复；
③跨越铁路施工问题，已征得相关铁路管理部门第***号函同意；
④该铁路交通量大，故在跨越处采用顶管法，具体施工方法步骤见***号图纸；
⑤直埋光缆个别地点距现有地面不足70 cm处，回土时应填高至70 cm；
⑥直线路由上标志位置可视实际需要情况，施工时调整放设；
⑦过马路用钢管或硬塑管保护。

项目导图

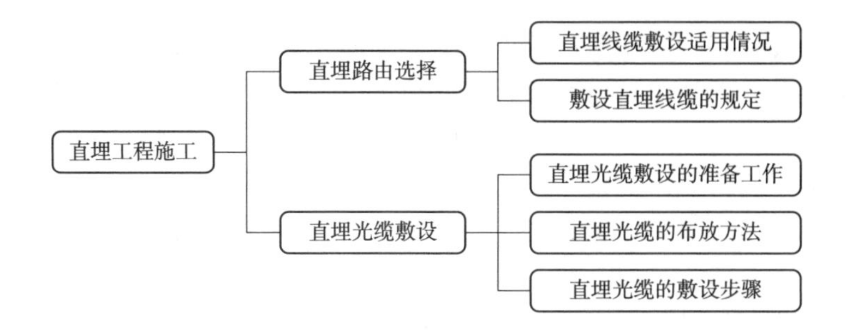

任务一　直埋路由选择

通信线缆的敷设方式多种多样，有架空、管道、直埋（包括水底）等敷设方式，那对于不同的工程场景下，如何进行敷设方式的选择呢？本任务主要学习如何进行直埋路由选择。

【任务单】

任　务　单			
任务名称	直埋路由选择		
任务类型	讲授课	实施方式	老师讲解、分组讨论、案例学习
面向专业	通信相关专业	建议学时	1学时
任务实施重难点	重点：了解直埋路由选择原则。 难点：直埋路由敷设位置确定		
任务目标	1. 掌握直埋敷设适用的场所。 2. 能够选择直埋光(电)缆位置		

【任务学习】

知识点一　直埋线缆敷设适用情况

直埋敷设适用于下列情况：

(1)远离城市中心与局所地区，并且沿途用户或房屋较少。

(2)目前该地区用户较少，而近期又无很大发展。

(3)杆路架设有困难的地区。

(4)长途电缆。

(5)市话直埋光(电)缆用于城市及近郊的道路比较狭窄曲折或受其他限制、敷设地下管道或架空光(电)缆有困难的地区。

知识点二　敷设直埋线缆的规定

直埋光(电)缆位置选择的原则如下：

(1)直埋光(电)缆一般在无管道地区的长距离光(电)缆线路及不适合架空线路，又不宜敷设管道等情况下适用。

(2)选择敷设光(电)缆路由时应考虑光(电)缆路由最短，弯曲较少，道路定型，今后高程变化不大，穿越其他管线最少，符合长远规划要求等条件。

(3)敷设于人行道下或公路的一侧，在穿越街道或铁路时，应尽可能地与其中心垂直，但穿越部位应加保护措施。

(4)直埋光(电)缆一般不得设于永久建筑物之下，必须穿过时应加保护措施。

(5)直埋光(电)缆依不同地区情况选用钢带铠装光(电)缆、油麻及塑护套光(电)缆(应加防腐蚀措施)，且在阳极地区必须采取防腐蚀措施。

(6)直埋光(电)缆应尽量避开以下几种位置。

a. 以后将建有永久性的建筑物或有可能扩建的地方。

b. 地下埋设物复杂,常有可能挖掘的地方。

c. 流沙、石灰质土壤、炉渣、粪池和污水沟等有害土壤地区。

【任务实施】

按照本组分析、讨论、归纳的结果生成任务报告单。

任务报告单

实施人员信息			
姓名		学号	
组别		组内承担任务	
序号	任务名称	任务报告	
1	直埋路由选择	选择原则:	

【任务考核】

1. 简述直埋光(电)缆敷设的适用情况。
2. 直埋光(电)缆位置选择的原则是什么?

【考核评价】

总结评价(学生完成)			
任务总结			
任务实施情况			
1. 任务是否按计划时间完成? 2. 相关理论完成情况。 3. 任务完成情况。 4. 语言表达能力及沟通协作情况。 5. 参照通信工程项目作业程序、国家标准对整个任务实施过程、结果进行自评和互评			
学生自评(A/B/C)	组内互评(A/B/C)	小组评价(A/B/C)	总等级(A/B/C)
注:A 优秀,B 合格,C 不合格			

考核评价表(教师完成)					
学号		姓名		考核日期	
任务名称	直埋路由选择			总等级	
任务考核项	考核等级	考核点			等级
素养评价	A/B/C	A:能够完整、清晰、准确地回答任务考核问题。 B:能够基本回答任务考核问题。 C:基础知识掌握差,任务理解不清楚,任务考核问题回答不完整			
知识评价	A/B/C	A:熟悉任务的实施步骤,独立完成任务,有能力辅助其他同学完成规定的工作任务,实施快速,准确率高。 B:基本掌握各个环节实施步骤,有问题能够主动请教其他同学,基本完成规定的工作任务,准确率较高。 C:未完成任务或只完成了部分任务,有问题没有积极向其他同学请教,工作实施拖拉、不积极,各个部分的准确率差			
能力评价	A/B/C	A:不迟到、不早退,对人有礼貌,善于帮助他人,积极主动完成规定工作任务,笔记完整整洁,回答老师提问完全正确。 B:不迟到、不早退,在教师督导和他人辅导下,能够完成规定工作任务,回答老师提问较准确。 C:未完成任务或只完成了部分任务,有问题没有积极向其他同学请教,工作实施拖拉、不积极,不能准确回答老师提出的问题			

任务二　直埋光缆敷设

长途干线光缆工程,主要采用直埋敷设方式,有些国家在部分地区采用机械化敷设。由于我国国土辽阔、地形复杂,全机械化敷设不一定适合长距离敷设。目前,对于 2 km 以下盘长的光缆大多采用与普通线缆相同的传统敷设方式,对于 4 km 盘长的光缆采用机械牵引和人工辅助牵引的方法较好。

【任务单】

任　务　单			
任务名称	直埋光缆敷设		
任务类型	讲授课	实施方式	老师讲解、分组讨论、案例学习
面向专业	通信相关专业	建议学时	2 学时
任务实施重难点	重点:直埋光缆敷设的 3 种方法。 难点:直埋光缆敷设步骤		

续上表

任务目标	1. 了解挖沟的规范标准。 2. 掌握穿越障碍物路由的准备工作。 3. 能够进行直埋光缆的布放。 4. 掌握直埋光缆敷设步骤。 5. 掌握光缆沟的预回土和回填

【任务学习】

知识点一　直埋光缆敷设的准备工作

直埋光缆敷设的准备工作包括挖沟和穿越障碍物路由的准备工作。

1. 挖沟

敷设直埋光缆必须先进行挖沟，因为只有达到足够的深度才能防止各种外来的机械损伤，减少温度变化对光纤传输特性的影响，从而提高光缆的安全性和通信传输质量。

(1)人力组织与领导协调

长途光缆工程的挖沟工作涉及的单位及人员较多，应对相关人员进行光缆常识和安全、质量要求的宣传培训，要让他们了解必要的光缆敷设安全常识和挖沟的技术标准。

(2)挖沟标准

①路由走向

挖沟是按路由复测后的划线进行，不得任意改道和偏离。光缆沟应尽量保持直线路由、沟底要平坦，避免蛇行走向。路由弯曲时，要考虑光缆弯曲半径的允许值，避免拐小弯。

直线上光缆沟要求越直越好，直线遇有障碍物时可以绕开，但绕开障碍物后应回到原来的直线上，转弯的弯曲半径应不小于 20 m。

②挖沟要求

光缆沟的质量关键在沟深是否达标。不同土质及环境，对光缆埋深有不同的要求。施工中应按计划规定地段达到表 2-3-1 中的深度标准。

表 2-3-1　挖沟标准埋深表

敷设地段、地质	埋深(m)	备注
普通土、硬土	≥1.2	—
半石质(砂土、分化土)	≥1.0	—
全石质	≥0.8	从沟底加垫 10 cm 细土或砂土表面算起
流砂	≥0.8	—
市区人行道	≥1.0	—
市郊、村镇	≥1.2	—

续上表

敷设地段、地质	埋深(m)	备注
穿越铁路、公路	≥1.2	距离碴底或距路面
沟、渠、水塘	≥1.2	—
农田排水沟	≥0.8	沟宽 1 m 以内

③沟的宽度要求

对于一般地质地段，光缆沟的底部宽度一般为 30 cm，沟深为 1.2 m 时，上宽尺寸为 60 cm，标准的光缆沟如图 2-3-1 所示。当同沟敷设多条光缆时，每增加一条，沟底宽度增加 10 cm。沟的上宽尺寸应根据光缆沟的深度和土质来确定，对于同沟敷设的光缆沟及土质松散或地下水位高地段，上宽以 80 cm 为宜，但要注意同沟敷设的光缆不得交叉、重叠。

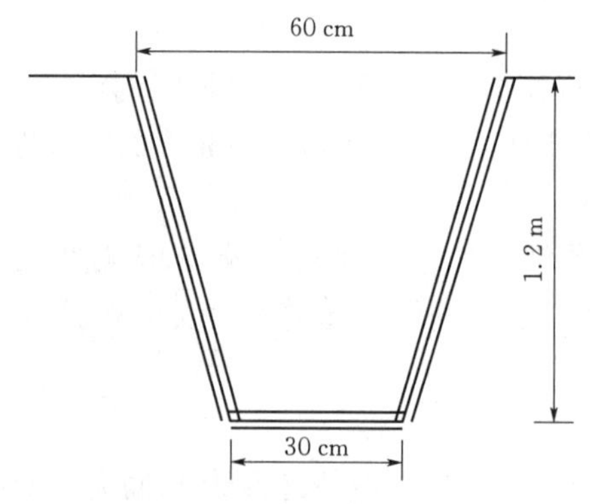

图 2-3-1　光缆沟示意图

④挖沟施工现场保护

当光缆遇到现有地下建筑物，必须小心挖掘进行保护。图 2-3-2 所示是对原有地下建筑设施现场保护的例子。

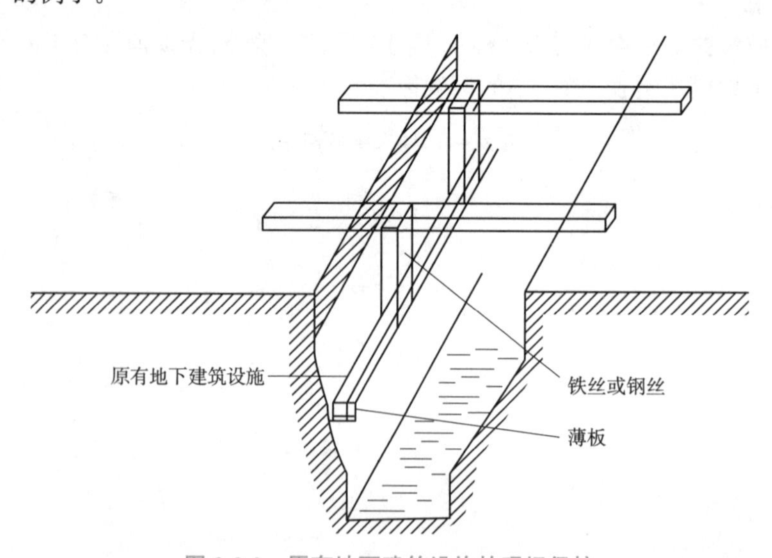

图 2-3-2　原有地下建筑设施的现场保护

(3)挖沟、沟底处理和验沟

①挖沟。可以利用机械和人工挖沟两种方式,对于无障碍的平地可以采用机械挖沟的方式,当遇到地理条件不允许及地下管线等障碍物时采用人工挖沟的方式。对于石质地段,可以通过爆破方法将岩石爆破,然后清除、整理出符合规定要求的光缆沟。一般长途工程中可采用机械、人工相结合的方式。

②沟底处理。一般地段的沟底填细土或砂,夯实后其厚度约 10 cm。风化石和碎石地段应先铺约 5 cm 厚的砂浆(水泥和砂按 1∶4 混合),然后再填细土或砂石,以确保光缆不被碎石的尖刃顶伤。若光缆的外护层为钢丝铠装时,可以免铺砂浆。在土质松软易于崩塌的地段可用木桩和木块作临时护墙保护。

③验沟。光缆敷设前,必须由验收小组按挖沟质量标准逐段检查。经检查不合格,应组织整修或重挖。除个别塌方严重部分允许边挖边放缆外,其余一律待验沟合格后方可敷设。验沟工作一般是在敷设前一天进行正式检查。

2. 穿越障碍物路由的准备工作

长途光缆的敷设过程中,在路由上可能会遇到铁路、公路、河流、沟渠等障碍物,一般视具体情况采取有效的方法在光缆敷设前做好准备。

(1)预埋管

光缆路由穿越公路、机耕路、街道一般采取破路预埋管方式。用钢撬等工具开挖路面,挖出符合深度要求的光缆沟,然后敷设钢管或硬塑料管等为光缆穿越作好准备。光缆穿越公路和街道,一般采用对缝钢管。考虑到有些交通较繁忙的公路、街道不宜经常破坏路面,因此钢管内穿放 2～3 根塑料子管。对承受压力不是太大的一般公路、街道等地段,可敷设塑料管(工程中应采用硬聚乙烯管)。

开挖路面必须注意安全,并尽量不阻断交通。一般是两次开挖,即将马路一半先开挖、放下管道、回填后再挖另一半。马路上开挖应有安全标志以确保行人、车辆的安全。

(2)顶管

光缆路由穿越铁路、重要的公路、交通繁忙的要道口及造价高昂、不易搬迁拆除的地面障碍物,不能采用破土挖沟方式时,可选用顶管方式,在钢管的一端将钢管顶过去,一般用液压顶管机(实物如图 2-3-3 所示)完成较好。

(3)敷设过河管道

直埋光缆路由会遇到河流,对于较大较长的河流,常规办法是采用钢丝铠装水底光缆过河;而对于较小较短的河流或沟渠,全采用水底光缆困难太多,这时一般采用过河光缆管道化的方法,即在光缆敷设前在河底预埋聚乙烯塑料管,采用陆地埋式光缆从管道中穿放的过河办法。

(4)架设过桥通道

光缆敷设路由上有时遇到桥梁,大型桥梁一般都有通信线路槽道,布放光缆时在桥两侧预留作“S”形弯即可。对于一般桥梁,应在光缆敷设前按设计提出的方式架设过桥通道。

①钢管、塑料管架设。较长的桥梁,一般有桥墩、护栏,钢管、塑料管放置在桥墩上,两侧穿过桥时打小孔通过后封固。这种固定钢管、塑料管的方式虽简便,但不少桥梁没有条件直接放置或不允许打孔穿越固定,此时可用挂钩支托钢管、塑料管。

图 2-3-3　顶管机实物图

②吊线架挂。跨度较大的桥梁用架设钢管方式有一定的困难，可以采用在护栏外边架挂吊线。埋式光缆穿越此桥梁时，可同架空路由一样用挂钩过桥。在光缆穿越桥梁前，应将吊线架挂完毕。

知识点二　直埋光缆的布放方法

直埋光缆的布放方法主要有以下四种。

1. 机械牵引方式

机械牵引方式是采取光缆端头牵引及辅助牵引机联合牵引的方式，一般是在光缆沟旁牵引，然后由人工将光缆放入光缆沟中，如图 2-3-4 所示。这种牵引方式基本上与管道光缆辅助牵引方式相同。为了不损伤光缆护层和延长敷设的一次牵引长度，在路面上适当距离处安装一个地滑轮，在沟坎位置也可安装导引轮或地滑轮。

直埋敷设大都在野外进行，只有光缆路由沿公路时，才能采用机械化施工。机械布放采用卡车或卷放线平车作牵引。先由起重机或升降叉车将光缆盘装入车上绕架，拆除光缆盘上的小割板或金属盘罩，检查准备工作就绪后，再开始布放。机动车应缓慢行驶，同时人工将光缆从缆盘上拖出，轻放在沟边(条件允许，即不造成光缆扭折的情况下，可直接放入沟中)，约每放 20 m 后再人工放入沟内。

2. 人工牵引方式

人工牵引方式是由人力代替机械，预先在光缆沟上间隔一定的距离安装一组三角状导向器，拐弯、陡坡地点安装一架导引轮。先是准备光缆，支架光缆盘，放盘；然后安装导引轮，预放牵引索，制备光缆端头。一次牵引 500 m，由 10 人以上组成的牵引小组，中间由专人管理导引轮。分几次牵引采取地面平放或盘成“∞”字形的方式分段牵引。

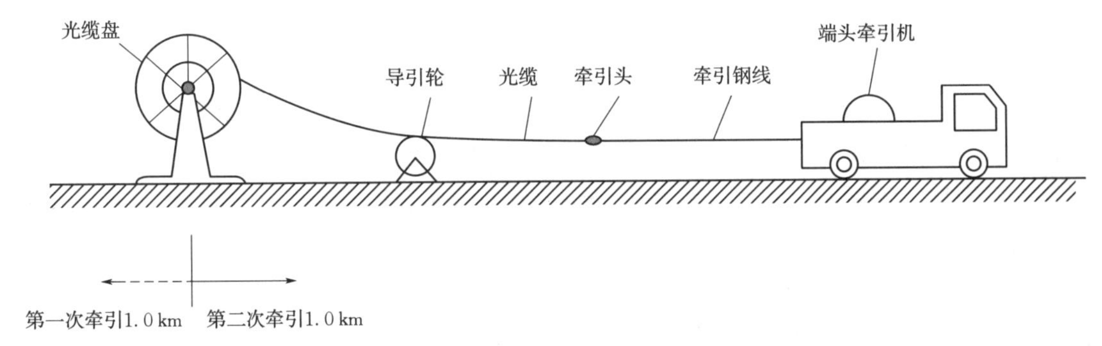

图 2-3-4　机械牵引方式

3. 人工抬放方式

人工抬放方式是采取以往电缆抬放办法，由几十名施工人员间膈 10～15 m，将光缆放于肩上，并抬运到光缆沟旁边，边抬边走，直至到达终点。抬放速度应均匀，避免光缆"背扣"(即打小圈)。发现光缆"背扣"要立即停止布放，慢慢放开，检查光缆并判断光纤是否受到损伤。避免在水泥、尖石地面拖拽。这种方式简单，但需要人员较多且需严密组织、步调一致。

4. 抬"∞"布缆方式

先将光缆盘成"∞"字形，每 2 km 光缆堆成 8～10 个"∞"字，每个"∞"字为一组，每组用皮线捆 5～6 处(先放一组不捆)，每组由 4 个人抬缆，组间各配一人协调，第一组前边由 2～3 人导引，前后指挥联络 3～5 人，合计 60～65 人。对于中间没有障碍的地区非常适用，这种方法所用的人力较人工抬放方式节省，而且避免了地上摩擦，对保护光缆外护层比较有利。

知识点三　直埋光缆的敷设步骤

直埋光缆的敷设步骤分为以下几个阶段。

1. 按照标准挖沟

按照标准要求组织人员挖沟，光缆沟的深度、宽度应符合规定，经过检验合格，并做好沟底处理，沟底应平整无碎石，石质、半石质沟底应铺 10 cm 厚的细土或砂土。

2. 做好穿越障碍物准备工作

根据路由具体情况，做好相应的准备工作。如光缆线路穿越铁路及不能开挖路面的公路时，采取顶管方式。顶管应保持平直，钢管规格及位置应符合设计要求，允许破土的位置可以埋保护管，顶管或埋保护管时管口应做堵塞。

3. 光缆布放

根据地形及具备的条件选择合适的光缆布放方式。机械牵引时，应采用地滑轮；人工抬放时，光缆不应出现小于规定曲率半径的弯曲及拖地、牵引过紧等现象；光缆必须平放于沟底，不得腾空和拱起；布放过程中或布放后，应及时检查光缆外皮，如有破损应立即修复。

4. 埋式光缆的机械保护

(1)穿越铁路、公路、街道

光缆穿越铁路、公路、街道等不能挖开的地段，在放缆前已经采取顶管或预埋管方式且准备了钢管或塑料管保护措施，光缆穿放时应防止钢管管口擦伤光缆，最好钢管内先穿好塑料子管，穿越后管口应用油麻或其他材料堵塞。

对于简易公路或乡村大道的穿越保护，一般采取在光缆上方 20 cm 处加盖水泥盖板或红砖保护。对每个盖砖保护部位按设计要求采用横盖、竖盖等方式。

(2)穿越河流

在河流较多的水乡，为降低工程造价，用普通埋式光缆通过具有防机械损伤措施的过河塑料管道代替过河水底光缆。光缆敷设至预放好的过河管道处采取布放市区管道光缆的方式穿越光缆，穿越后两侧塑料管口用油麻、沥青等堵塞，岸滩位置按设计规定做“S”形余留后进入埋式地段。

5. 直埋光缆防雷设施的安装

普通直埋光缆中含有加强件、防潮层、铠装层及有远供或业务通信用的铜导线，这些金属件可能会受到雷电冲击，从而破坏光缆，严重时使通信中断。因此，直埋光缆要根据当地天气情况、土壤电阻率，以及光缆内是否有铜导线等因素，采取如敷设排流线、接地等防雷措施，也可直接采用无金属光缆。

6. 光缆沟的预回土和回填

(1)预回土要求

光缆敷设后应立即进行预回土，以避免光缆裸露，发生损伤。首先应预回细土 30 cm，不能将砖头、石块或砾石等填入，细土采集困难地段，不能少于 10 cm。

注意：预回土前对个别深度不够地段应及时组织加深，确保深度；光缆敷设中，发现有可能损伤光缆的迹象应做测量或通光检查。

(2)回填

应由专人负责集中回填。在完成上述沟底处理后，应尽快回填，以保护光缆安全。回填土时应避免将砖头、石块等填入沟中，并应分层踏平或夯实。回填土应稍高出地面以备填土下沉后与地面持平。

7. 光缆路由标石的设置

光缆路由标石的作用，是标定光缆线路的走向、线路设施的具体位置，以供维护部门的日常维护和线障查修等，常见的光缆路由标石如图 2-3-5 所示。

图 2-3-5　常见的光缆路由标石

(1)必须设置标石的部位

光缆接头；光缆拐弯处；同沟敷设光缆的起止点；敷设防雷排流线的起止点；按规划预留光缆的地点；与其他重要管线的交越点；穿越障碍物等寻找光缆有困难的地点；直线路由段超过 200 m，郊区及野外超过 250 m 寻找光缆困难的地点。

若无位置埋设标石时，可用固定标志代替标石。需要监测光缆金属内护层对地绝缘的接头点，应设置监测标石，其余均为普通标石。

(2)标石的埋设要求

标石应埋设在光缆的正上方。接头点的标石，埋设在光缆线路路由上，标石有字的面应对准光缆接头。转弯处的标石应埋设在路由转弯的交点上，标石有字的面朝向光缆转弯角较小的方向；当光缆沿公路敷设间距不大于 100 m 时，标石有字的面可朝向公路。

标石应埋设在不易变迁、不影响交通的位置，在乡村埋设时应埋设在尽量不影响农田耕作的田埂旁。

短标石埋深为 60 cm，如图 2-3-6 所示，长标石埋深为 100～110 cm，地面上方为 40 cm，标石四周土壤应夯实，使标石立稳固不倾斜。标石可用坚石或钢筋混凝土制作，规格有两种：一般地区用短标石，规格为 100 cm×14 cm×14 cm，如图 2-3-7 所示；土质松软及斜坡地区用长标石，规格为 150 cm×14 cm×14 cm。监测标石上方有金属可卸端帽，内装有引接监测线、地线的接线板，检测标石埋深 120 cm，检测标志面面向光缆接头盒。

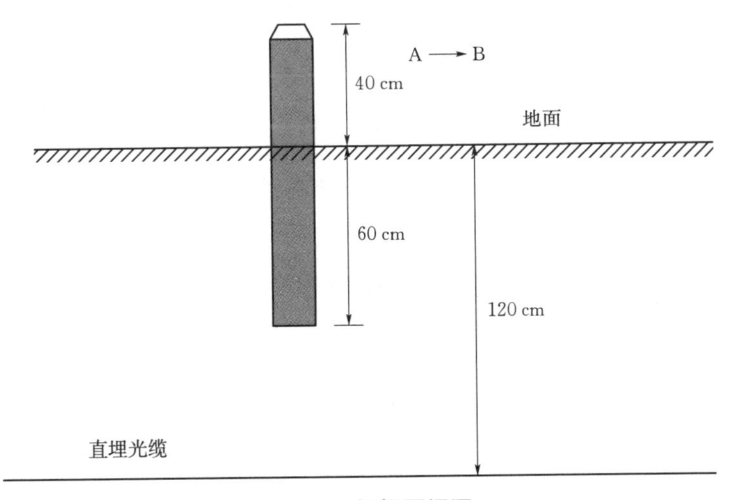

图 2-3-6　短标石埋深

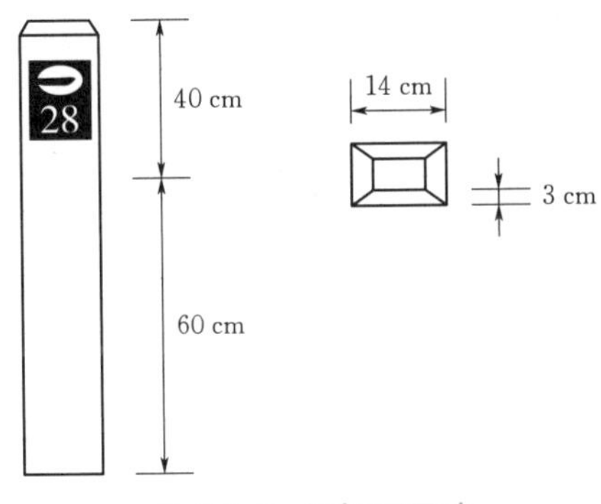

图 2-3-7　短标石尺寸

标石编号采用白底红(或黑)色油漆正楷字，表面整洁清晰。编号以一个中继段为独立编制单位，由 A—B 方向编排。

标石的编号方式和符号应规范化，可按图 2-3-8 所示规格编写。

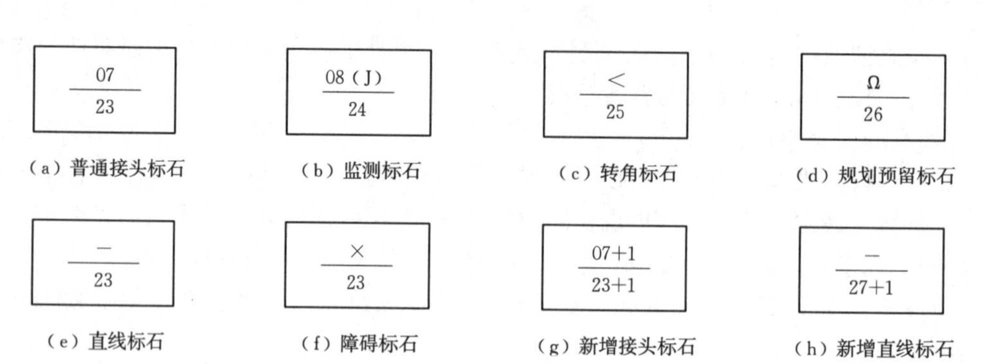

图 2-3-8　标石符号规范

图 2-3-8 中，分子表示标石的不同类别或同类别标石的序号；分母表示这一中继段内标石从 A 端至该标石的数量编号。分子和分母+1，表示标石已埋设、编号后根据需要新增加的标石。

【任务实施】

按照本组分析、讨论、归纳的结果生成任务报告单。

任务报告单

<table>
<tr><th colspan="4">实施人员信息</th></tr>
<tr><td>姓名</td><td></td><td>学号</td><td></td></tr>
<tr><td>组别</td><td></td><td>组内承担任务</td><td></td></tr>
<tr><td>序号</td><td>任务名称</td><td colspan="2">任务报告</td></tr>
<tr><td>1</td><td>穿越障碍物路由的准备工作</td><td colspan="2">预埋管：
顶管：
敷设过河管道：
架设过桥通道：</td></tr>
<tr><td>2</td><td>画图表示直埋光缆的4种布放方法</td><td colspan="2">方法：</td></tr>
<tr><td>3</td><td>直埋光缆的敷设流程</td><td colspan="2">布放步骤：</td></tr>
</table>

【任务考核】

1. 直埋路由的准备工作是什么？
2. 直埋光缆各类路由标石如何设置？

【考核评价】

总结评价(学生完成)			
任务总结			
任务实施情况			
1. 任务是否按计划时间完成? 2. 相关理论完成情况。 3. 任务完成情况。 4. 语言表达能力及沟通协作情况。 5. 参照通信工程项目作业程序、国家标准对整个任务实施过程、结果进行自评和互评			
学生自评(A/B/C)	组内互评(A/B/C)	小组评价(A/B/C)	总等级(A/B/C)
注:A 优秀,B 合格,C 不合格			

考核评价表(教师完成)					
学号		姓名		考核日期	
任务名称	直埋光缆敷设			总等级	
任务考核项	考核等级	考核点			等级
素养评价	A/B/C	A:能够完整、清晰、准确地回答任务考核问题。 B:能够基本回答任务考核问题。 C:基础知识掌握差,任务理解不清楚,任务考核问题回答不完整			
知识评价	A/B/C	A:熟悉任务的实施步骤,独立完成任务,有能力辅助其他同学完成规定的工作任务,实施快速,准确率高。 B:基本掌握各个环节实施步骤,有问题能够主动请教其他同学,基本完成规定的工作任务,准确率较高。 C:未完成任务或只完成了部分任务,有问题没有积极向其他同学请教,工作实施拖拉、不积极,各个部分的准确率差			

续上表

任务考核项	考核等级	考核点	等级
能力评价	A/B/C	A:不迟到、不早退,对人有礼貌,善于帮助他人,积极主动完成规定工作任务,笔记完整整洁,回答老师提问完全正确。 B:不迟到、不早退,在教师督导和他人辅导下,能够完成规定工作任务,回答老师提问较准确。 C:未完成任务或只完成了部分任务,有问题没有积极向其他同学请教,工作实施拖拉、不积极,不能准确回答老师提出的问题	

模块三

通信线路工程维护

【情景】

春节是中国民间最隆重盛大的传统节日，固定的习俗就是拜年、聚会。大年初三妈妈带着小明来到姑姑家做客。饭桌上，话题焦点锁定在了刚刚进入大学校门的小明身上，学习通信专业的小明对自己未来的就业岗位还很迷茫，于是就向已经在运营商代维项目部工作6年的表哥请教。表哥谈到他的工作内容主要是从事线路维护，保证网络质量，提高传输线路的安全稳定性……小明若有所思：保障通信网络安全稳定，消除线路隐患，正好和自己的通信专业相关，如何对通信线路进行维护？通信线路工程维护的内容是什么？通信电缆线路和通信光缆线路维护的内容是否一样？带着这些疑问，大家一起进入通信线路工程维护模块，探究通信线路维护的奥秘。

项目一 通信电缆线路维护

项目引入

通信电缆的维护工作应保证电缆线路强度、性能良好，为传输各种铁路及地方通信信息提供安全畅通、稳定可靠的通路。通信电缆线路维护工作分为日常维护、集中检修和重点整修。日常维护主要工作包括：根据区域特点定期进行线路巡视和护线宣传，及时发现问题，排除故障因素，确保通信畅通。集中检修包括：对通信线路及附属设备进行补强，保证电缆线路及附属设备的完整良好，预防故障发生。重点整修包括：重点更换不合格的接头、地线、地线断开装置，整治埋深不够、防护不善等问题，整修传输特性严重下降区段，改善线路径路不符合建筑接近限界规定的处所，达到增强线路抗灾抗干扰能力、巩固提高电特性指标、确保线路传输质量的目的。本项目主要带大家学习通信电缆线路防护、维护、检修及电缆线路故障处理。

项目目标

知识目标

1. 了解电缆线路的防雷、防电、防腐蚀等要求及其防护方法。
2. 理解改(割)接概念及其基本原则、要求。
3. 掌握电缆改(割)接及新旧局割接方法。
4. 掌握电缆线路故障的种类及其修复要求。

能力目标

1. 能够进行电缆线路改(割)接及新旧局割接。
2. 能够进行电缆线路测试。
3. 能够正确判断故障原因并合理处理。
4. 能够进行电缆线路故障防范。

素养目标

1. 培养可持续发展的理念、环境保护责任，以及树立正确的环境伦理道德观。

2. 加强对项目工程的认同感，培养高度的责任心和使命感，以及爱岗敬业、吃苦耐劳的精神，不断学习过硬的专业技能，增强学生的自信心。

3. 具有对通信工程复杂问题的分析能力，做到具体问题具体分析，灵活处理，最终解决问题。

项目导图

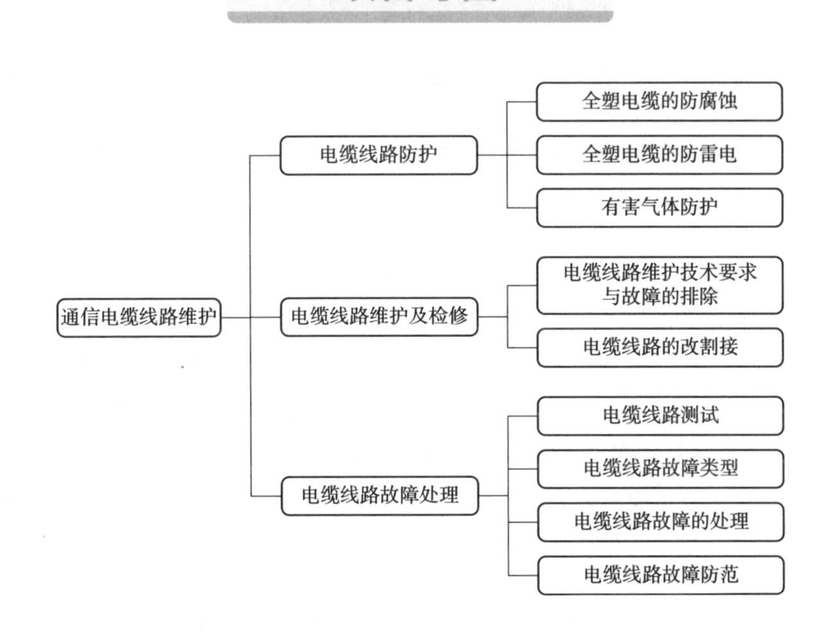

任务一　电缆线路防护

在本地网中广泛使用的电缆为全塑电缆，全塑电缆是指电缆的芯线绝缘层、缆芯包带层和护套层均采用高分子聚合物——塑料制成的电缆，现已广泛用来传送电话和数据等业务电信号。但是对市内通信全塑电缆线路产生危险影响和干扰影响的来源很多，如雷电、高压输电线路、各种腐蚀及有毒有害气体等，为此要采取一系列措施，保护通信线路设备的安全和人身安全。通常把防雷、防电、防腐蚀称为电缆线路的三防。

【任务单】

任　务　单			
任务名称	电缆线路防护		
任务类型	讲授课	实施方式	老师讲解、分组讨论、案例学习
面向专业	通信相关专业	建议学时	2学时
任务实施重难点	重点：全塑电缆的防雷、防电、防腐蚀的内容要求。 难点：全塑电缆的防雷、防电、防腐蚀的防护措施与方法		
任务目标	1. 掌握电缆金属护层防腐蚀的几种类型。 2. 掌握全塑电缆对白蚁、鼠类的防护。 3. 掌握全塑电缆各种防雷电的要求、装置及相关措施。 4. 掌握防护有毒有害气体采取的措施。 5. 了解易燃气体的预防		

【任务学习】

知识点一　全塑电缆的防腐蚀

由于周围介质的化学和电化学作用,电气设备漏泄电流而发生的电解作用,长期经受外界固定或交变的机械作用,使电缆金属护层的破坏或变质称为电缆外皮的腐蚀。而电缆外皮一旦受到腐蚀损坏,将失去其电磁屏蔽和机械保护作用,外界潮气也将会侵入电缆,因此,必须采取相应的措施防止腐蚀。

1. 电缆金属护层腐蚀的种类及其防护措施

电缆金属护层腐蚀有以下几种。

(1)化学腐蚀

化学腐蚀是金属在非电化学作用下的腐蚀(氧化)过程,通常指在非电解质溶液及干燥气体中,纯化学作用引起的腐蚀。在电缆中,这种腐蚀是使电缆的金属元素变成化合物的过程。如金属护层与腐蚀性气体(如化工厂、冶炼厂、焦化厂等散发的二氧化碳、硫化氢气体)或非电解质(如汽油、酒精、煤油、有机溶剂等)接触时,发生了化学作用而产生化学腐蚀。此外,各种化学性质活泼的物质(如酸、碱、盐等)都能引起金属的化学腐蚀。在腐蚀过程中一般无电流出现,而且腐蚀产物是直接参与反应的,并在金属表面形成腐蚀膜。这些腐蚀产物所组成的膜是否继续深入成长,决定于腐蚀剂对腐蚀膜的渗透性。

化学腐蚀防蚀措施:以地下电缆腐蚀的整体来衡量,化学腐蚀部分是微不足道的,一般不予考虑。若要采取措施,可以使用绝缘防护层,使金属护套不与腐蚀介质直接接触。

(2)电化学腐蚀

电化学腐蚀是金属材料与电解质溶液接触,通过电极反应产生的腐蚀。在地下电缆中,电缆周围存在着能够导电的电解质溶液,当电缆敷设在含有电解质溶液的潮湿土壤中时极易发生这种腐蚀。如果地下电缆在腐蚀时所存在的电流是腐蚀本身所产生的,这种电化学腐蚀称为土壤腐蚀。如果由于外来电流产生的电解作用,使电缆金属外皮遭受腐蚀,而且腐蚀电流不是腐蚀过程中产生的,这种腐蚀称为漏泄电流的腐蚀,简称电解腐蚀或电蚀。土壤腐蚀及漏泄电流腐蚀均属于电化学腐蚀。

电化学腐蚀防蚀措施:防止电化学腐蚀是整个地下电缆防腐蚀工作的重心,目前多使用绝缘防护层。

(3)晶间腐蚀

晶间腐蚀是指沿着或紧挨着金属晶粒边界发生的腐蚀。电缆的金属护层在制造、运输、施工安装和使用过程中,受到固定的或交变的机械应力作用,使电缆造成机械损伤或过度弯曲;电缆在穿过铁路、公路或在桥梁上敷设时,电缆的金属护层经常受到振动造成损伤;在严寒地区冻土内电缆受冻土膨胀或收缩作用,使电缆的金属护层沿结晶边缘裂开。在这些损伤处,由于与空气接触而产生氧化物,促使损伤增大,再加上土壤的电化学作用,使电缆的金属护层腐蚀剧烈发展,严重时可使金属皮裂成碎块,这就是晶间腐蚀。

晶间腐蚀防蚀措施:晶间腐蚀对电缆的腐蚀最终靠化学和电化学腐蚀来完成,由于产生这种腐蚀具有偶然性,因而目前还没有很好的防护方法。若要采取措施,可以采用塑料护套。

(4)微生物腐蚀

微生物的新陈代谢活动直接或间接地破坏电缆金属外皮称为微生物腐蚀。这种腐蚀直接破坏电缆金属外皮的情况是很少见的，但有些微生物可以促进腐蚀区域的电化学反应，加速金属的腐蚀。如白蚁既啃咬电缆又释放蚁酸，使电缆金属护层腐蚀穿孔。

微生物腐蚀防蚀措施：微生物腐蚀由于其腐蚀的细微性，一般也不予考虑。若要采取措施，可以采用塑料护套。

另外，从产生腐蚀的条件可看出，架空电缆一般较少受到腐蚀的影响，地下电缆容易遭受到腐蚀。

2. 白蚁、鼠类的防护

(1)白蚁对地下电缆的危害与防护方法

①白蚁的危害

白蚁在我国分布较广，并且在长江以南较多。白蚁蛀食电缆的特征是在电缆外皮上有不规则的蛀食孔洞，有时还能危及芯线。鉴别白蚁蛀食电缆的方法：在电缆外皮上可发现蚁路(白蚁通往巢外的坑道)和泥被(成片状的蚁路)，在电缆附近可同时发现白蚁。

②白蚁防护方法

a. 采用药物型防蚁电缆，这种电缆的外皮中加有对白蚁具有毒杀和驱赶作用的防蚁药物，药物的药效一般应在 10 年以上。

b. 采用机械保护型防蚁电缆，这种电缆用白蚁咬不动的黄铜、磷铜、不锈钢带、半硬质聚氯乙烯等作外护套。

c. 路由选择时应避开白蚁孳生地，或选择在白蚁难于生活的环境中，如可以选择水田、沙滩或地下水位高的地方敷设电缆，因为白蚁无法在水中生活。

d. 改地下电缆为架空电缆。

e. 采用深埋或填砂的方法，将受蚁害的地段电缆埋在 1.5 m 以下或水位线以下，同时在电缆周围回填 10 cm 以上的黄砂，对防白蚁有一定的效果。

f. 消灭白蚁，在地下电缆线路附近发现白蚁活动时，要消灭电缆附近的白蚁，常用药物法、诱杀及烟熏等方法。

g. 毒土处理，在电缆周围土壤中渗入一定量的防蚁剂，使白蚁接触到毒土层后中毒死亡。在白蚁危害特别严重的地区，为确保电缆安全，即使采用了防白蚁电缆，也需进行毒土处理。

(2)鼠类对电缆的危害与防护措施

①鼠类的危害

老鼠能咬坏电缆的外皮材料，如铅、铝、塑料、橡皮等，但不能破坏电缆铠装钢带。

②鼠类危害电缆的防护措施

a. 采用硬质聚氯乙烯护套防鼠塑料电缆，这种电缆布放时，要先将电缆进行热水浴(70～80 ℃)使它软化，然后放入电缆沟中。

b. 采用药物防鼠电缆，这种电缆外皮上均匀地粘包一层含有驱鼠或灭鼠药物的泡沫塑料，这种方法效果良好、生产使用方便、经济实用。

c. 选择电缆路由时，要尽量避开鼠类经常活动和栖息的地段。

d. 局内电缆走线槽两端加以密封，暗渠两端堵严，以防鼠类进入咬坏电缆。

e. 当电缆外径大于 45 mm 时，可以不用防鼠。

知识点二　全塑电缆的防雷电

通信线路遭受雷击或电击后，往往引起混线、断线等故障，甚至导致设备被烧坏，因此，对于雷击或电击要加强防护。

1. 全塑电缆防雷电作用

(1)通信线路雷击或电击故障现象

雷击或电击后，电缆线路往往会遭到损坏，严重时电缆被烧断。当电缆遭受雷击或电击时，通常电流会沿芯线一直流到测量室，如果流入电缆的电流过大，不仅芯线会被烧断而产生断线故障(这种断线很多发生在接头处，因接头处接续电阻较大，电流流过时产生高温或火花把芯线烧断)，而且可能把总配线架的直列烧坏。当雷击电缆时，闪电温度极高，往往烧坏外护套(有时护套虽未受到损坏，但电缆芯线却发生了故障)。如果用户引下线遭到雷击，雷电电流沿引下线经分线设备而进入电缆，使芯线间或芯线与屏蔽层间的绝缘损坏而产生混线、地气故障。

(2)全塑电缆采取屏蔽和接地的作用

近年来通信线路网中广泛使用全塑电缆和光缆，基本淘汰了铅皮电缆。全塑电缆塑套绝缘性能好，减少了雷击和电击故障。但全塑电缆缺乏自然接地，因此，在全塑电缆接续时，要注意其内护层(屏蔽层)的屏蔽连接和接地设置。屏蔽层的良好连接和接地对施工和日常维护非常有利，例如对电缆放音对号、通信联络、查找电缆故障或进行检测等工作。

全塑电缆采取屏蔽和接地的作用如下：

①减少外界电磁场的干扰影响，以保证通信传输质量。

②防止高压输电线路或其他交流设备对通信电缆产生危害或干扰影响，提高电缆的屏蔽效果。

③减少直接雷击或电力线直接接触电缆时所造成的危害或故障，以确保电缆安全运行。

全塑电缆屏蔽分为电屏蔽和磁屏蔽。凡是用铝箔或铜导线做的屏蔽为电屏蔽，以防止静电感应；凡是用钢带等导磁体做的屏蔽为磁屏蔽，以防止磁感应。两者都用来防止干扰和杂音。

2. 全塑电缆防雷电规定

(1)全塑电缆防高压电的要求

①要尽量远离高压输电线、电气化铁路或高压变电站。

②如果电缆路由难以避开上述装置时，应根据实际情况进行计算和采取相应的防护措施。

③电力线发生故障时，全塑电缆的感应电动势允许值应小于300 V，若超过允许值，应通过技术经济比较，采取相应的防护措施。

④常用的高压电防护措施如下：

a. 改变电缆线路路由。

b. 选用塑料护套外加双层钢带皱纹纵包铠装聚乙烯护层电缆，提高电磁屏蔽性能。

c. 加装气体放电管。

d. 严重危险影响地区在同一路由上敷设一条屏蔽线。

e. 必要时要求电力部门采取屏蔽或有关防护措施。

可根据情况选用一种或几种联合的防护措施，使感应电动势不超过允许值，以保证通信安全。

(2)全塑电缆防雷的要求

为了表征雷电活动的频率,采用年平均雷暴日作为计算单位。无论一天内听到几次雷声,只要有一次,该天就记为一个雷暴日,一天即使有多次雷声,仍记为一个雷暴日。年平均雷暴日可查看当地气象部门资料。

全塑电缆具体防雷要求如下:

①全塑电缆敷设在市内建筑物稠密、地下金属管线多的地区,一般可不考虑防雷措施。在郊区或空旷地区敷设的全塑电缆,应根据电缆敷设地段的年平均雷暴日数、土壤电阻率、地理环境、历年落雷资料等,采取必要的防雷措施。

②雷暴日数大于20天的地方电缆路由应避开以下地区:

a. 曾经落雷特别是重复雷击的地方。

b. 雷电多的山区。

c. 地形地貌及地质呈现“边界”和突变现象的地区。

d. 临江侧的山坡和向阳坡。

e. 与孤立大树或电杆拉线及其他接地体间的净距小于5 m的地方。

注意:与孤立大树或电杆拉线及其他接地体间的净距不可小于5 m。若电缆路由必须从它们附近通过时,则电缆与孤立大树或其他接地体根部的净距应满足表3-1-1所示的要求。

表3-1-1　全塑电缆与孤立大树或其他接地体根部的净距要求

土壤电阻率(Ω·m)	≤100	101～500	>500
通信电缆与孤立大树间的防雷净距(m)	15	20	25
通信电缆与其他接地体根部间的防雷净距(m)	10	15	20

知识点三　有害气体防护

通信管道密布于城市地下,与市政管道中的煤气、天然气等管道平行或交叉的情况比较多,当此类管道损坏时,其泄漏的可燃气体极易扩散到通信管道;另外,通信管道的人(手)孔中一些动植物的残留物在湿热密闭条件下腐烂变质,也会产生一些对人体有害的气体。管道中的这些有害气体,汇集到人(手)孔及进线室,会对人身安全、通信设备构成极大的威胁,是严重的安全隐患。

1. 防护有毒有害气体应采取的措施

防护有毒有害气体应采取如下措施:

(1)在重要部位安装有毒有害气体检测报警装置,在重点地区和局所加强监测。

(2)各级电缆维护部门配备一定数量的有害气体检测仪器,将有害气体检测列入周期维护的内容,在人(手)孔内钉挂警告牌。

(3)在施工前必须进行检测并做好施工中的通风。

(4)采用地下室管孔封堵的方法防止有害气体侵入机房。

2. 易燃气体的预防

预防易燃气体的措施如下:

(1)地下室管孔应封堵严密,防止有害气体从管孔进入地下室或测量室。

(2)地下室应放置易燃气体报警装置,报警器应装置在明显、经常有人和便于听到报警信号的地方。

(3)对光(电)缆管道附近的生产、经销、存储易燃气的单位,坚持经常走访、巡视、监督。发现易燃有可能流入通信管道或人(手)孔时,应即时与有关单位联系,督促其尽快处理,以防易燃气体扩大和蔓延。

(4)发现通信管道或人(手)孔有易燃气体时,千万不要使用明火,不要进入现场。

(5)严禁任何人将易燃、易爆物品带进地下室或人(手)孔内。

【任务实施】

按照本组分析、讨论、归纳的结果生成任务报告单。

任务报告单

实施人员信息			
姓名		学号	
组别		组内承担任务	
序号	任务名称	任务报告	
1	对全塑电缆进行防腐蚀处理	操作流程:	
2	全塑电缆防雷电处理	操作步骤:	
3	进行电缆线路有害气体防护	操作步骤:	

【任务考核】

1. 电缆已经敷设在杆路、管道中,甚至直接埋在土壤中,如何采取措施进行防腐蚀?
2. 各种防雷电的要求及相关措施是什么?
3. 简述各种有害气体的防护措施。

【考核评价】

总结评价(学生完成)			
任务总结			
任务实施情况			
1. 各小组介绍工作流程步骤,并演示操作过程、展示任务成果。 2. 参照通信工程项目作业程序、国家标准对整个任务实施过程、结果进行自评和互评			
学生自评(A/B/C)	组内互评(A/B/C)	小组评价(A/B/C)	总等级(A/B/C)
注:A优秀,B合格,C不合格			

考核评价表(教师完成)					
学号		姓名		考核日期	
任务名称	电缆线路防护			总等级	
任务考核项	考核等级	考核点			等级
素养评价	A/B/C	A:能够完整、清晰、准确地回答任务考核问题。 B:能够基本回答任务考核问题。 C:基础知识掌握差,任务理解不清楚,任务考核问题回答不完整			
知识评价	A/B/C	A:熟悉任务的实施步骤,独立完成任务,有能力辅助其他同学完成规定的工作任务,实施快速,准确率高。 B:基本掌握各个环节实施步骤,有问题能够主动请教其他同学,基本完成规定的工作任务,准确率较高。 C:未完成任务或只完成了部分任务,有问题没有积极向其他同学请教,工作实施拖拉、不积极,各个部分的准确率差			
能力评价	A/B/C	A:不迟到、不早退,对人有礼貌,善于帮助他人,积极主动完成规定工作任务,笔记完整整洁,回答老师提问完全正确。 B:不迟到、不早退,在教师督导和他人辅导下,能够完成规定工作任务,回答老师提问较准确。 C:未完成任务或只完成了部分任务,有问题没有积极向其他同学请教,工作实施拖拉、不积极,不能准确回答老师提出的问题			

任务二　电缆线路维护及检修

通信线路设备是我国公用通信网的重要组成部分,用以传输音频、数据、图像和视频等通信业务。目前线路设备由光(电)缆及其附属设备(线路设备)组成。为加强通信线路设备的维护管理,使其处于良好状态,保证通信网优质、高效、安全运行,掌握光(电)缆线路的常见故障及维护技术要求对维护工作极其重要。

【任务单】

任　务　单			
任务名称	电缆线路维护及检修		
任务类型	讲授课	实施方式	老师讲解、分组讨论、案例学习
面向专业	通信相关专业	建议学时	2学时
任务实施重难点	重点:了解电缆改(割)接基本方法。 难点:熟练操作电缆改(割)接		
任务目标	1. 了解电缆线路维护内容。 2. 熟知电缆改(割)接要求。 3. 熟练操作电缆改(割)接。 4. 掌握电缆改(割)接基本方法。 5. 能够进行新旧局割接		

【任务学习】

知识点一 电缆线路维护技术要求与故障的排除

1. 电缆线路维护技术要求

线路设备维护要求的主要内容：

(1)线路设备维护分为日常巡查、故障查修、定期维修和故障抢修，由线路维护中心组织区域工作站实施。

(2)维护工作必须做到以下几点：

①严格按照上级主管部门批准的安全操作规程进行维护工作。

②当维护工作涉及线路维护中心以外的其他部门时，应由线路维护中心与相应部门联系，制订出维护工作方案后才可实施。

③维护工作中应做好原始记录，遇到重大问题应请示有关部门并及时处理。

④对重要用户、专线及重要通信期间要加强维护，保证通信。

2. 全塑电缆线路故障的排除

电缆故障产生的原因如下：

(1)电缆本身的故障

电缆在生产过程中因扭矩、绝缘材料结构不均匀而引起的串音、杂音；产品质量检验不严格，个别线对造成地气、断线、混线等。

(2)施工过程中造成的故障

在施工过程中，电缆接头处理不当等都会造成电缆芯线故障。

(3)外界影响造成的故障

①施工影响。

②电击和雷击。

③鸟啄、鼠咬、白蚁啃咬等。

④灾害影响。

⑤人为损伤。

3. 电缆故障修复要求与方法

(1)尽快地恢复通话

当电缆发生故障时应以“尽快地恢复通话”为原则，对于重要用户必须采取适当的措施，首先恢复通话。同时发生几种故障时，应先抢修重要的和影响较多用户的电缆。

(2)排除电缆故障的几项规定

①故障点芯线的绝缘物烧伤或芯线变色过多或过长时，应采取改接一段电缆的方式进行维护。如果个别线对不良时，可以只改接部分芯线。

②电缆浸水后，浸水段落应予以更换。

③不能因为处理故障而产生新的反接、差接、交接、地气等故障。同时在接续、封合及建筑或安装上都要符合规格要求，不得降低绝缘电阻，必须经测量室测好后才能封合。

(3)查找电缆故障的方法

查找电缆故障时，应先测定全部故障线对并确定故障的性质，然后根据线序的分布情况及配线表分析故障段落，再用仪器测试、直接观察、充气检查电缆护套等方法确定故障点。一般不得使用为缩短故障区间而大量拆接头或开天窗的方法确定故障点。

知识点二　电缆线路的改割接

用户由旧电缆改到新的电缆称为改接，由旧局所改到新的局所称为割接，二者统称为改割接。在电缆施工和维护中，常用电缆迁移、更换和芯线调整，更改和调整配线区，进而进行改割接工作。

通信线路的改割接是重要的施工项目，属于时间要求紧、质量要求高、技术性强的线路工程。

1. 电缆改接与割接的几点原则要求

(1)施工人员必须掌握设计要求，摸清新旧设备情况，研究确定安全、迅速、高质量的施工步骤和方法。

(2)施工以不影响用户通话为原则，在改接用户线之前，须事先和有关方面联系，为确保其通信不受影响，必要时应确定改线时间，按时进行改线。

(3)对专线、中继线、复用设备线对、数字传输线对及重要用户线对割接改线时，不得任意将 a、b 线颠倒，并要采用复核改线法，以避免通信中断，对号时需串接一个 1～2 μF 的电容。

(4)测量室及局外的改线点，必须相互配合，以免发生接错等故障。

(5)对所设置的新电缆及设备，必须严格的检验测试及验收，完全符合技术标准要求后，才可进行旧设备的改换。

(6)电缆线路工程竣工验收工作必须执行国家颁布的电缆线路施工及验收规范的相关规定。

(7)在 MDF 上所布放的聚氯乙烯(0.5 mm×2 mm)跳线，线间不得有接头。

(8)不得同时在同一条电缆上设立多处改点，尽量减少临时性措施，以避免发生因改线施工造成的人为故障。

2. 改割接的基本方法

(1)局内跳线改接

①环路改接法：新旧纵列与横列构成环路如图 3-1-1 所示。改线时先上好线轴，新局处新的电缆或引线设备成环路，听一对改一对，测试无误后，再正式绕接跳线并拆除旧跳线。

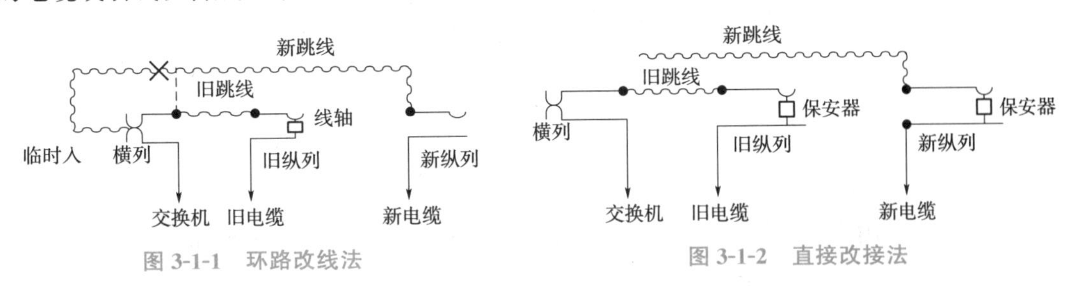

图 3-1-1　环路改线法

图 3-1-2　直接改接法

②直线改接法：如图 3-1-2 所示，先布放好新跳线位置，并连接好新纵列。改线时线对与局外配合，同时改动横列，烫掉跳线，改连新跳线。这种方法只适用于少量普通用户线对。

(2)局外电缆芯线改接

①切断改接法：将新电缆布放到两处改接点，新、旧电缆对好号后，切断一对改接一对，短时间地阻断用户通话。采用这种方法时，新旧芯线对号必须准确，改线各点要密切配合，同时改接。此种方法改接，适用一般的用户。

②扣式接线子复接改接法：如图 3-1-3 所示，将新电缆布放到改接点，新旧电缆对好号后，先利用 HJK4 或 HJK5 扣式接线子进行搭接，然后再剪断要拆除的旧电缆芯线。此种方法适用于较小对数电缆的改接，特别适用于个别重要用户的改接。

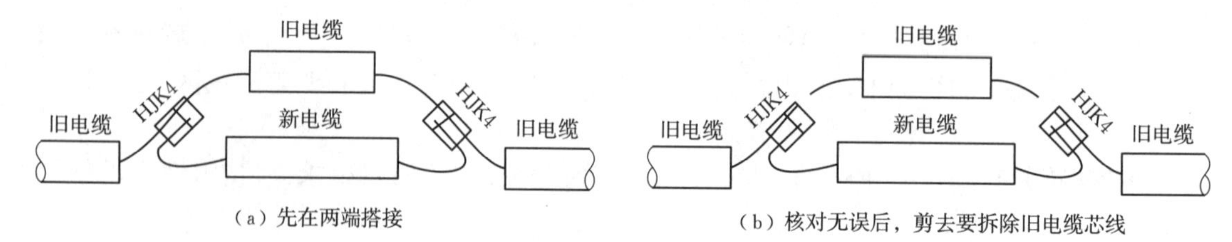

图 3-1-3 扣式接线子复接改接法

(3)模块式接线子复接改接法

采用模块式接线子复接改接法复接时不得影响用户通话，不得影响业务发展(装机)，改接时故障极少，安全可靠。此种方法适用于大对数电缆的改接。

改接的步骤如下：

①电缆的对号

a. 在复接点有原有电缆(塑缆)接头对号的要求。

(a)在原接口处与旧电缆局方竖列线序(或交接箱端子板线序)对号(应用感应对号器对号或利用模块测试孔对号，不得损伤芯线绝缘层)。

(b)在原接线模块上写有线序号的也应复对号。

(c)对旧号时，竖列线序号(或交接箱端子板线序)与模块出线色谱一致时可在模块上写好线序，以便复接时使用(如模块上已有线序号时，只做好复对号的标记)，可不做临时编线。

(d)竖列线序号与模块线序不一致时，可采用临时编线的方法。

b. 在复接点没有原有电缆(塑缆)接头时(塑缆)对号的要求：

(a)在复接点的旧电缆处把电缆开长 1.3 m，剥去电缆外护套，将旧电缆的将被拆除端余弯向复接点处拉过约 80 cm，使电缆芯线成 U 形弯，如图 3-1-4 所示。

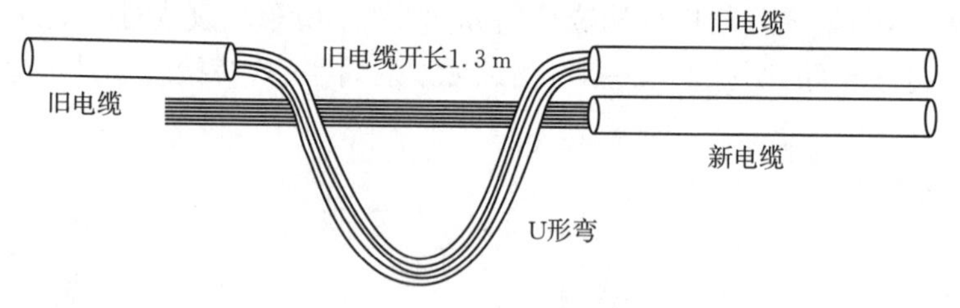

图 3-1-4 电缆芯线成 U 形示意

(b)对旧号采用临时编线的方法，以一个基本单位(25 对)一编，同时挂标牌写明线序号。

c. 根据设计对新电缆进行对号。

注：若对一条旧电缆中的一部分进行更换，则应在两割接点都应与旧电缆局方竖列线序(或交接箱端子板线序)进行对号。

②安装好模块机。

③进行复接。

第一步：在接线头耐压底板上装好接线模块的底座，按色谱放入新电缆的线对(注意：A 线在左，B 线在右)，检查有无放错线位的。

第二步：装好接线模块的本体（深黄色朝下，乳白色朝上），放入旧电缆利旧端的线对，检查有无放错线位的。

第三步：在用户方向的线对上装好复接模块（蓝色朝下，乳白色朝上），再放入旧电缆拆除端的线对，检查有无放错线位的，最后装好接线模块的上盖。

第四步：装好手压泵头，位置端正，关紧泵气阀，手握泵柄下压数次至听到二次声音，将切断的余下线头轻轻拉下，拉开泵气阀拆去泵头。在模块上写线序号，便完成了25对基本单位的复接。

按照以上四步，将所有的线对全部复接后再进行套管的封合。

④待所有的改接工作完成后，再拆除旧电缆，其步骤为：

第一步：打开接头套管。

第二步：使用模块开启钳，将复接模块的上盖开启，把要拆除的旧电缆线对从卡接刀片中拆下，拆除复接模块，再将模块上盖盖好，用手压钳压紧。重复此步动作，直至将所有复接模块拆完。

第三步：拆除旧电缆，将接头重新封合好。

3. 局外分线盒（箱）内移改皮线

（1）剪断移改

当用户无通话时，自旧分线盒（箱）拆下皮线，连在新分线盒（箱）内。

（2）复接后移改，如图3-1-5所示。

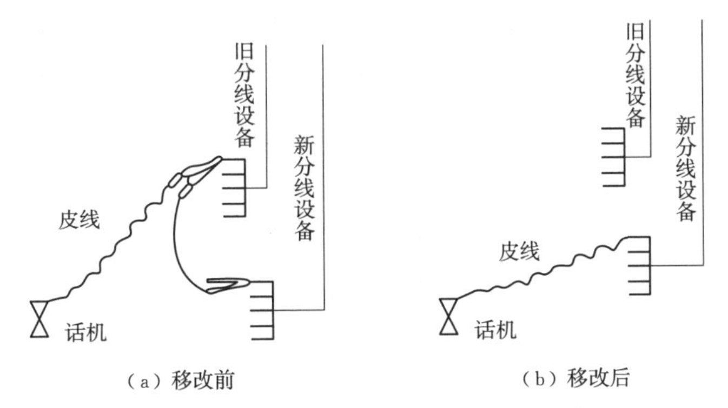

图3-1-5　局外分线盒（箱）内移改皮线示意图

（3）爬杆皮线采用装新拆旧的更换方法改接。

4. 调区改线

（1）新建配线区

以环路改接为主。

①调查现场用户分布情况，确定改入分线设备位置（不能任意改变用户号码）。绘填配线表和改线簿。

②布放跳线，一端在纵列端子上绕接，另一端引至横列前，导线临时绕接在端子上，然后新旧纵列对号确定无误。

③局外改连用户引入线时，通知局内在新列上安装好保安器，通话或听测，确定无误即改下线。

④局外每改完一个分线盒（箱），应通知测量员拆旧列保安器并叫测用户，测好后即可拆除旧跳线，正式绕接新跳线。

(2)调改电缆

①更换分线盒(箱)

a. 把旧分线盒(箱)拆离原位并临时吊在钢线上或电杆上,安装新分线盒(箱)并对号编线。

b. 拆旧接口,至局内(或交接箱)对号核对原芯线。如果扩大线序,应对出设计编排的新线序。

c. 按对好的线序顺序改接,当改接使用线对时,局内跳线(交接箱跳线)、接口内的芯线、引入线同时改动。全部改完后通知测量台测试,测试合格后才能封焊。

②更换配线电缆

a. 调查现场用户下线分布情况,填制配线表及改线簿。

b. 根据调查的结果,在新架设的电缆上编排线序和安装分线盒(箱)并进行一次绝缘及气压试验,符合要求才能与旧电缆改接。

c. 在旧电缆改线点开接口,至局(或交接箱)对号编线。

d. 分线盒(箱)的线序不变时,接口与引入线同时改线。

e. 分线盒(箱)的线序有变动时,必须在局内列上(或交接箱端子)、接口及分线盒(箱)三处同时改线。有时在接口内先临时复接上,然后再改跳线及下线,以减少影响通话时间。

5. 新旧局割接

(1)环路割接方法

①如果旧电缆离新局较远,则应设联络电缆(或通过中继光缆)调线。

如图 3-1-6 所示,首先布放好联络电缆,将塑料芯线头绕缠在纵列端子板上,然后在改接点改接电缆。待开通时,拔掉旧局纵列上的保安器,去掉新局横列上的绝缘片。若无故障可拆除联络电缆。

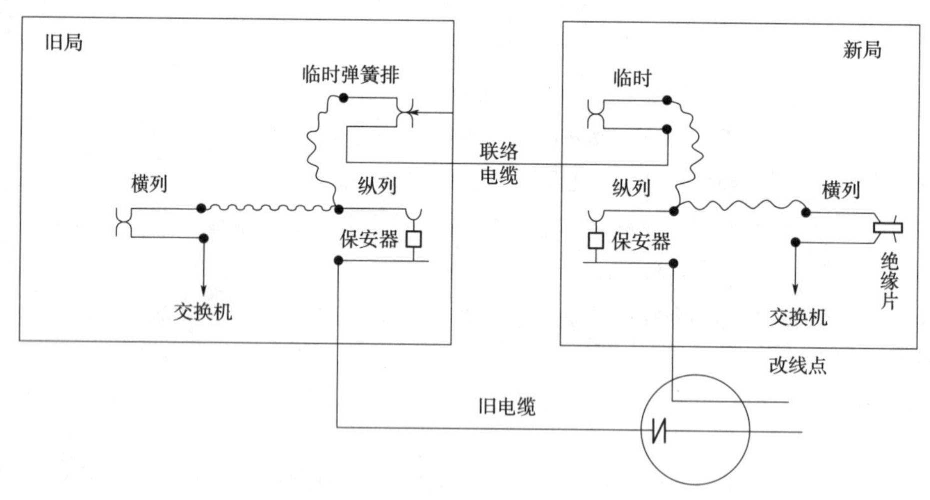

图 3-1-6　旧电缆离新局较远时,环路割接方法示意图

②如果旧电缆距离新局很近,可以不设联络电缆。一般施工步骤如下:

a. 按图 3-1-7 所示,布设好联络电缆,把使用的线对连好跳线。在新局的横列上嵌入绝缘片,纵列上好保安器。

b. 剥开新旧电缆至局内对号编线。

c. 在两改接点同时进行改接(应当注意新旧电缆芯线头不得有混线、地气现象)。

d. 开通时,新局横列拆绝缘片,旧局拔除保安器,若无故障即可拆除临时设备。

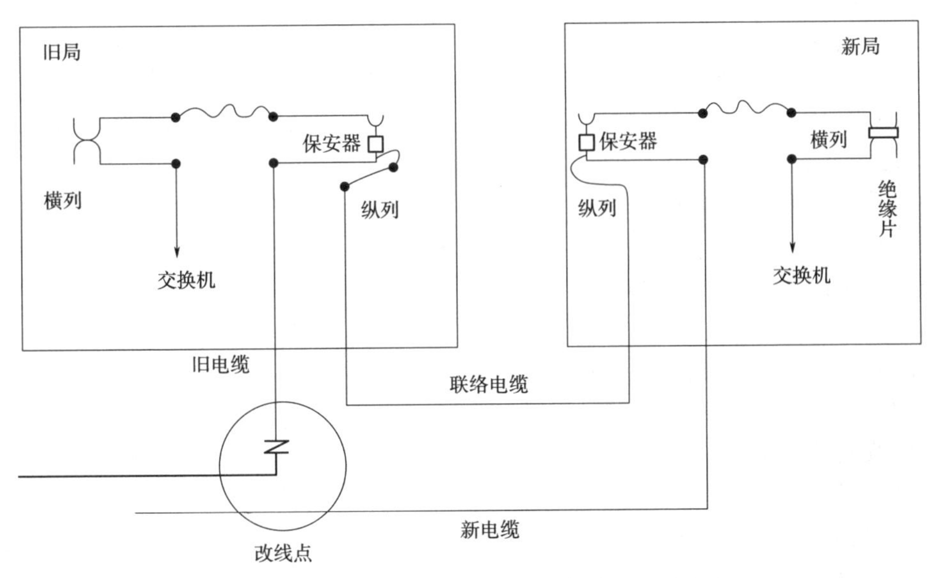

图 3-1-7　旧电缆离新局很近时，环路割接方法示意图

(2)临时复接割接方法

此种割接方法是应用较广泛的割接方法之一。如图 3-1-8 所示，由新局引出电缆与旧电缆进行临时复接。开通时，新局拆绝缘片，旧局嵌入绝缘片(或拉电闸)。开通后若无故障便可拆除复接线做正式接续，并拆除不用的设备。

割接步骤如下：

①将新旧分线设备的有关端子复接。

②拆下旧分线设备的用户皮线，改由新设备引入。

③新局内布好跳线，安装好保安器，但其横列应嵌入绝缘片。

④开通时新局横列拆绝缘片，旧局纵列拆保安器。开通后若无故障拆除复接线及旧设备。

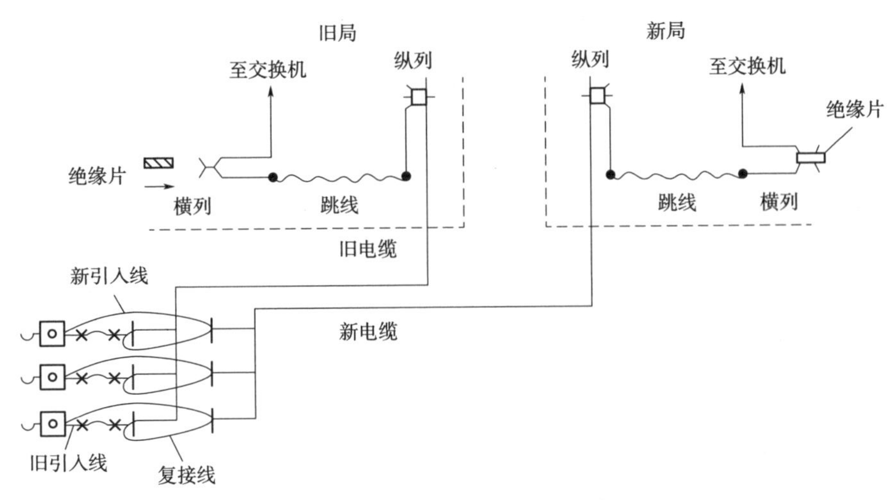

图 3-1-8　临时复接割接方法示意图

6. 改(割)接的基本方法实际操作

(1)模拟直接改接法的实际操作

①安装和连接好新纵列(MDF 外配列),布放好新跳线,安装好保安器。

②改线时,与局外配合同时改动,横列(MDF 内配列)上切断旧跳线,改连新跳线。

③用这种方法进行主干电缆的直接改接,最后试通普通用户线对。

(2)模拟更换配线电缆的实际操作

①调查现场用户下线分布情况,填制配线表及改线簿。根据调查的结果,在新架设的配线电缆上编排线序和安装分线盒(箱)并进行一次绝缘及气压试验,符合要求才能与旧电缆改接。

②在旧电缆改线点开接口,至局(或交接箱)对号编线。

③分线盒(箱)的线序不变时,接口与引入线同时改线。

(3)调改线序

在交接箱位置进行交接配线,步骤如下:

①各配线电缆的线序调改。

②更换分线盒(箱)的线序。

【任务实施】

按照本组分析、讨论、归纳的结果生成任务报告单。

任务报告单

实施人员信息			
姓名		学号	
组别		组内承担任务	
序号	任务名称	任务报告	
1	全塑电缆线路故障排除	操作步骤:	
2	电缆故障修复	操作步骤:	
3	电缆线路改割接	操作步骤:	

【任务考核】

1. 电缆线路维护技术要求有哪些?
2. 电缆改(割)接基本原则是什么?
3. 如何实际操作改(割)接?

【考核评价】

<table>
<tr><th colspan="4">总结评价(学生完成)</th></tr>
<tr><td colspan="4">任务总结</td></tr>
<tr><th colspan="4">任务实施情况</th></tr>
<tr><td colspan="4">1. 各小组介绍工作流程步骤,并演示操作过程、展示任务成果。
2. 参照通信工程项目作业程序、国家标准对整个任务实施过程、结果进行自评和互评</td></tr>
<tr><td>学生自评(A/B/C)</td><td>组内互评(A/B/C)</td><td>小组评价(A/B/C)</td><td>总等级(A/B/C)</td></tr>
<tr><td></td><td></td><td></td><td></td></tr>
<tr><td colspan="4">注:A 优秀,B 合格,C 不合格</td></tr>
</table>

<table>
<tr><th colspan="6">考核评价表(教师完成)</th></tr>
<tr><th>学号</th><td></td><th>姓名</th><td></td><th>考核日期</th><td></td></tr>
<tr><th>任务名称</th><td colspan="3">电缆线路维护及检修</td><th>总等级</th><td></td></tr>
<tr><th>任务考核项</th><th>考核等级</th><th colspan="3">考核点</th><th>等级</th></tr>
<tr><td>素养评价</td><td>A/B/C</td><td colspan="3">A:能够完整、清晰、准确地回答任务考核问题。
B:能够基本回答任务考核问题。
C:基础知识掌握差,任务理解不清楚,任务考核问题回答不完整</td><td></td></tr>
<tr><td>知识评价</td><td>A/B/C</td><td colspan="3">A:熟悉任务的实施步骤,独立完成任务,有能力辅助其他同学完成规定的工作任务,实施快速,准确率高。
B:基本掌握各个环节实施步骤,有问题能够主动请教其他同学,基本完成规定的工作任务,准确率较高。
C:未完成任务或只完成了部分任务,有问题没有积极向其他同学请教,工作实施拖拉、不积极,各个部分的准确率差</td><td></td></tr>
<tr><td>能力评价</td><td>A/B/C</td><td colspan="3">A:不迟到、不早退,对人有礼貌,善于帮助他人,积极主动完成规定工作任务,笔记完整整洁,回答老师提问完全正确。
B:不迟到、不早退,在教师督导和他人辅导下,能够完成规定工作任务,回答老师提问较准确。
C:未完成任务或只完成了部分任务,有问题没有积极向其他同学请教,工作实施拖拉、不积极,不能准确回答老师提出的问题</td><td></td></tr>
</table>

任务三　电缆线路故障处理

在日常维护工作中，电缆发生故障时应尽快地恢复通话，必要时采取“先重点后一般”和“抢多数，修个别”的原则，迅速排除故障并防止扩大影响范围，确保电话畅通。本任务主要学习如何进行电缆线路故障处理。

【任务单】

<table>
<tr><th colspan="4">任　务　单</th></tr>
<tr><td>任务名称</td><td colspan="3">电缆线路故障处理</td></tr>
<tr><td>任务类型</td><td>讲授课</td><td>实施方式</td><td>老师讲解、分组讨论、案例学习</td></tr>
<tr><td>面向专业</td><td>通信相关专业</td><td>建议学时</td><td>2 学时</td></tr>
<tr><td>任务实施
重难点</td><td colspan="3">重点：电缆线路故障类型判断
难点：电缆故障处理流程</td></tr>
<tr><td>任务目标</td><td colspan="3">1. 掌握电缆线路故障的几种类型。
2. 了解电缆线路故障产生的原因。
3. 掌握电缆线路故障的处理。
4. 掌握电缆线路故障防范措施</td></tr>
</table>

【任务学习】

知识点一　电缆线路测试

为了保证通信网优质、高效、安全运行，必须加强通信线路的维护管理，使其处于良好状态。因此，一旦线路发生故障，要尽量缩短故障历时；但电缆芯线对发生的故障一般很难从外部直接观察发现，特别是地下电缆线路，故障点的查找更为困难，往往要花费数小时甚至数天。所以，熟练而精确的电缆测试是电缆线路维护中一项至关重要的技能。电缆线路测试内容归纳见表 3-1-2。

表 3-1-2　电缆线路测试内容归纳

测试项目	测试方式
电缆芯线绝缘电阻	兆欧表测试
加强芯(金属加强件)对地绝缘	兆欧表测试
防潮层(铝箔内护层)对地绝缘	兆欧表测试
铜线绝缘强度检查	兆欧表测试
芯线直流电阻和工作电容测量	万用表测试
电缆屏蔽层电阻	万用表测试
芯线障碍(混线、地气、断线等)测试	兆欧表判断性质，T-C300 测距
对号测试	蜂鸣器或简易对号器
接地电阻测试	地阻仪测试

1. 主要维护指标

电缆电气特性测量和绝缘特性测量可以检查线路的传输性能指标，有助于快速准确地查找芯线故障。

(1)全塑市话电缆线路的维护项目及测试周期

全塑市话电缆线路的维护项目及测试周期见表 3-1-3。

表 3-1-3　全塑市话电缆线路的维护项目及测试周期

测试项目	测试周期
绝缘电阻	—
空闲主干电缆线对绝缘电阻	1 次/年，每条电缆抽测不少于 5 对
用户线路全程绝缘电阻(包括引入线及用户终端设备)	自动：1 次(3～7)天
用户线路绝缘电阻(不包括引入线及用户终端设备)	投入运行时测试，以后按需要进行测试
单根导线直流电阻、电阻不平衡、用户线路环阻	投入运行时或障碍修复后测试
用户线路传输衰减	投入运行时及线路传输质量劣化和障碍修复后测试
近端串音衰减，远端串音防卫度	投入运行时测试，以后按需要进行测试
电缆屏蔽层连通电阻	投入运行时测试，以后每年测试一次

(2)全塑电缆线路的维护指标

①全塑电缆绝缘电阻维护指标最小值见表 3-1-4。

表 3-1-4　全塑电缆绝缘电阻维护指标最小值(20 ℃)

线路类型	线路情况	维护指标
用户电缆线路	主干电缆空闲线对，测试电压 250 V	50 MΩ
	用户线路(连接有总配线架保安单元和分线设备，不含引入线)，测试电压 100 V	30 MΩ
	用户线路(包括引入线及用户终端设备)，测试电压 100 V	500 kΩ

注：投入运行维护时，各类电缆线路的绝缘电阻指的是每对导线的导体间或导体与地间的绝缘电阻。

②全塑电缆环路电阻、电阻不平衡维护指标见表 3-1-5。

表 3-1-5　全塑电缆环路电阻、电阻不平衡维护指标(20 ℃)

类　型	测试对象	维护指标
环路电阻	用户电缆线路(不含话机内阻)最大值	程控局：1 500 Ω
电阻不平衡	其他全塑电缆	平均值≤1.5%①
		最大值≤5.0%

注①：电阻不平衡，计算公式为：电阻不平衡＝$(R_{max}-R_{min})/R_{min}\times100\%$。

③全塑市话电缆线路传输衰减维护指标见表 3-1-6。

表 3-1-6　全塑市话电缆线路传输衰减维护指标(20 ℃)

线路类型	线路情况	维护指标
用户线路	频率 800 Hz	不大于 7.0 dB①

注①:用户到用户交换机传输衰减不大于 1.5 dB,用户交换机至端局传输衰减不大于 4.5 dB。

④全塑市话电缆线路近端串音衰减维护指标见表 3-1-7。

表 3-1-7　全塑市话电缆线路近端串音衰减维护指标

线路类型	维护指标
主干电缆任何线对间(频率 800 Hz)	不小于 70 dB
同一配线点的两用户线对间(频率 800 Hz)	不小于 70 dB

注:线路长度超过 5 km 时应进行两端测试。

全塑电缆屏蔽层连通电阻维护指标(20 ℃)如下:

a. 全塑主干电缆:不大于 2.6 Ω/km。

b. 全塑架空配线电缆:不大于 5.0 Ω/km。

注:电缆屏蔽层连通电阻系施工中的屏蔽层用屏蔽连接线全线连通后测试的电阻值。

2. 线路设备定期维护项目和周期

线路设备定期维护项目和周期见表 3-1-8。

表 3-1-8　线路设备定期维护项目及周期

项　目	维护内容	周　期	备　注
架空线路	整理、更换挂钩、检修吊线	1 次/年	根据巡查情况,可随时增加次数
	清除电缆、光缆和吊线上的杂物	不定期进行	
	检修杆路、线担、擦拭隔电子	1 次/半年	根据周围环境情况可适当增减次数
	检查清除“三圈一器”及其引线	1 次/月	
管道线路	人孔检修	1 次/2 年	清除孔内杂物,抽除孔内积水
	人孔盖检查	随时进行	报告巡查情况,随时处理
	进行室检修(电缆光缆整理、编号、地面清洁、堵漏等)	1 次/半年	
	检查局前井和地下室有无地下水和有害气体侵入	1 次/月	有地下水和有害气体侵入,应追查来源并采取必要的措施。汛期应适当增加次数。
充气维护	气压测试,干燥剂检查	不定期进行	有自动测试设备每天 1 次
	自动充气设备检修	1 次/周	防水、加油、清洁、功能检查
	气闭段气闭性能检查	1 次/半月	根据巡查情况,可随时增加次数。有气压监测系统的可根据实际情况安排巡查次数

续上表

项　目	维护内容	周　期	备　注
防雷	接地装置、接地电阻测试检查	1次/年	雷雨季节前进行
	PCM再生中继器保护地线的接地电阻测试检查	1次/年	雷雨季节前进行
	防雷地线、屏蔽线、消弧线的接地电阻测试检查	1次/年	雷雨季节前进行
	分线设备内保安设备的测试、检查和调整	1次/年	雷雨季节前测试、调整、每次雷雨后检查
交接分线设备	交接设备、分线设备内清扫，门、箱盖检查，内部装置及接地线的检查	不定期进行	结合巡查工作进行
	交接设备跳线整理、线序核对	1次/季	
	交接设备加固、清洁、补漆	1次/2年	应做到安装牢固、门锁齐全、无锈蚀、箱内整洁、箱号和线序号齐全，箱体接地符合要求
	交接设备接地电阻测试	1次/2年	
	分线设备清扫、整理上杆皮线	1次/2年	应做到安装牢固、箱体完整、无严重锈蚀、盒内元件齐、无积尘、盒编号齐全清晰
	分线设备油漆	1次/2年	
	分线设备接地电阻测试	测20%/年	

3. 配套设备的维护和管理

配套设备按以下要求进行维护和管理：

(1)气压遥测系统要每天检查系统端机是否良好，端机有问题应先修复。

(2)自动充气设备由区域工作站派专人负责管理和维护，发现问题及时修复。

(3)防雷、防强电装置的维护要求如下：

①地面上装设的各种防雷装置在雷雨季节到来之前，应进行检查，测试其接地电阻。不符合要求时，及时处理、整治。每次雷雨后进行检查，发现损坏及时修复和更换。

②地下防雷装置应根据土壤的腐蚀情况，定期开挖检查其腐蚀程度，发现不符合质量要求的及时修复、更换。

4. 电缆测试、维护要求

在日常维护工作中，电缆发生故障时应尽快地恢复通话，必要时采取“先重点后一般”和“抢多数，修个别”的原则，迅速排除故障并防止扩大影响范围，确保电话畅通。这样就需要维护人员在排除故障时，先应判断故障的性质，并选择仪器及时测定故障位置，再进行修复工作。要做到测量结果准确，应做到以下几点：

①对于测量基本原理和仪表的使用方法必须掌握。

②对于导线的变化要有准确的记录。

③测量过程中，应注意温度对导线电阻的影响。

④测量时操作要小心、测量要耐心、观察要细心。

知识点二　电缆线路故障类型

电缆故障主要分为电缆外部故障和内部故障。外部故障主要指电缆受外界机械外力影响造成的电缆绝缘护套、金属护套破损甚至断裂；内部故障主要指电缆芯线故障。电缆芯线故障包括断线、混线、接地、反接、差接、交接及绝缘不良等七种情况。以下主要以电缆芯线故障的判断处理进行介绍。

1. 芯线故障种类及造成原因

电缆芯线对号是电缆施工与日常维护工作测试的基本项目，主要判断电缆是否有断线、混线(自混、它混)、接地(地气)、反接(交叉)、差接(鸳鸯对)及交接(跳对或大交叉)，具体见表 3-1-9。

表 3-1-9　芯线故障种类

故障种类	符　号	图　示
断线	D	
自混	C	a b — a b
它混	MC	甲对{a b — a b}甲对 乙对{a b — a b}乙对
接地(地气)	E	屏蔽层
反接(交叉)	反	a b — a b
差接(鸳鸯对)	差	甲对{a b — a b}甲对 乙对{a b — a b}乙对
交接(跳对)	交	甲对{a b — a b}甲对 乙对{a b — a b}乙对

(1)断线

电缆芯线一根或数根断开称为断线，这种现象一般是受外力损伤、强电流烧断或接续或敷设时不慎使芯线断裂所致。

(2)混线

电缆芯线由于绝缘层损坏相互接触称为混线(又称短路)。本对线间芯线相互接触为自混；不同线对间芯线相互接触为它混。

(3)接地

电缆芯线绝缘层损坏碰触屏蔽层称为接地(又称地气)，它是因受外力磕、碰、砸等损坏缆芯护套或工作中不慎使芯线接地而形成。

(4)反接

本对芯线的 a、b 线在电缆中间或接头中间错接称为反接(又称交叉)。

(5)差接

本对芯线的 a(或 b)线错与另一对芯线的 b(或 a)线相接称为差接(又称鸳鸯对)。

(6)交接

本对芯线在电缆中间或接头中间错接到另一对芯线，产生错号称为交接(又称跳对或大交叉)。

(7)绝缘不良

电缆芯线之间、芯线对地之间受到水或潮气的侵袭致使绝缘电阻下降，造成电流外溢的现象称为绝缘不良。绝缘不良故障严重时可劣变为混线或接地。

2. 芯线故障判断

(1)环线电阻测试法

第一步，把回路 a、b 线在对端短接时，测试端万用表的指针指向“0”侧方向，说明 a、b 线两端相通，没有断线；若指向“∞”，说明、b 线中有一根或两根线断线如图 3-1-9 所示。

第二步，把回路 a、b 线在对端断开时，测试端万用表的指针应指向“∞”，说明 a、b 线间无混线；若指向“0”侧方向，说明 a、b 线间短路，如图 3-1-10 所示。

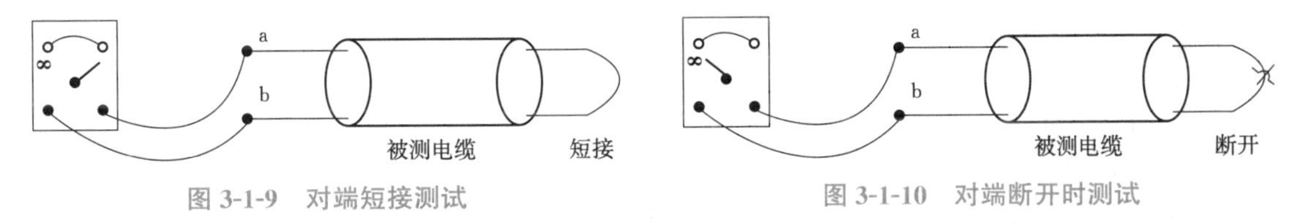

图 3-1-9 对端短接测试 图 3-1-10 对端断开时测试

经以上两步可以判断回路内有无断线和混线故障。此种方法对号速度快，但有的芯线错误无法发现，如交叉、接地。

(2)电缆屏蔽层连通电阻测试法

电缆屏蔽层和金属护套(铝或铅)在工程中是全程连通接地的，电缆的铝护套和屏蔽层为电缆的接地线，利用电缆屏蔽层(或利用确定没问题的线对代替)连通电阻测试方法，在电缆施工和维护中应用非常普遍。对号过程中每次让对端连接和断开时，在测试端要注意观察表针的反应情况，以便正确判断芯线故障。此种方法能够测试出所有故障类型。

第一步，将对端被测芯线连通金属护套，测试端万用表的指针指向“0”侧方向，说明被测芯线两端对应，没有断线；若不指向“0”侧方向，说明被测芯线断线或交叉(若不是还有可能是鸳鸯对)。

要判断是否交叉，可将对端芯线分别连通金属护套，若只有一根芯线连通金属护套时，万用表指针指向“0”侧方向，则此根线即为测试端芯线。

若对端多根芯线分别连通金属护套时，万用表的指针都指向“0”侧方向，说明有混线，如图 3-1-11 所示。

第二步，测试端让对端把被测芯线断开，测试端万用表的指针指向“∞”，说明被测芯线没有接地；若不指向“∞”，说明被测芯线接地，如图 3-1-12 所示。

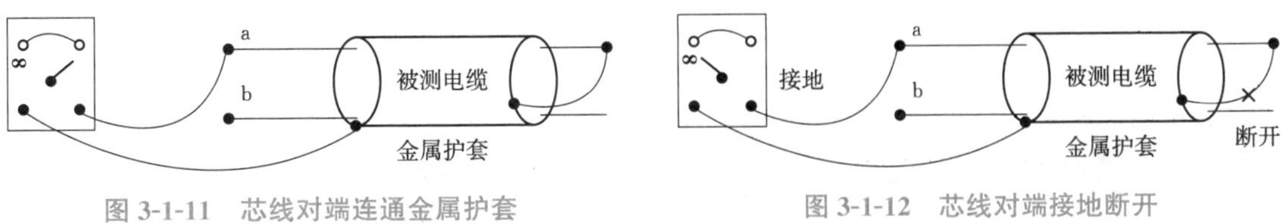

图 3-1-11 芯线对端连通金属护套 图 3-1-12 芯线对端接地断开

经以上两步可以判断被测芯线有无断线、交叉、混线和接地。

(3)绝缘不良故障查找方法(逐点排除法)

根据电缆芯线接续特点,主干电缆多采用复接方式,配线电缆多采用断接方式,无论采用哪种方式,不论是模块式接线子还是扣式接线子,接续时都必须将芯线绝缘层破开才能相连接。在同一接头内,接续的线对绝缘层被破坏,没有接续的线对绝缘层没被破坏。根据这种情况可见,当潮气浸入或雨水灌入接头时,只有接续的线对才会受其影响,没有接续的线对不受影响,这就是逐点排除法的理论依据。这时如果使用兆欧表测试芯线绝缘电阻情况就可以判明故障部位。测试电缆绝缘不良的连接方式如图 3-1-13 所示。

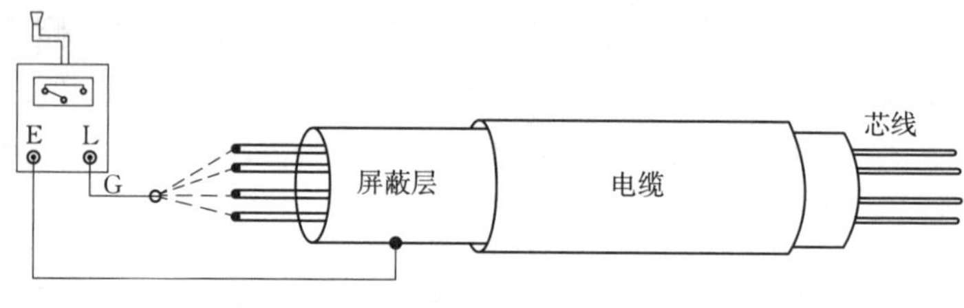

图 3-1-13 电缆绝缘不良测试连接法

知识点三 电缆线路故障的处理

电缆芯线故障处理根据故障类型不同,处理方法也不同,一般故障处理流程如图 3-1-14 所示。

电缆芯线故障经测试、判断和定位,弄清故障芯线位置及故障原因后,需要对故障芯线进行处理。针对不同的故障,其处理方法主要有以下几点:

(1)断线故障处理:将电缆故障芯线找出后可使用同线径的电缆线连接断线部分。

(2)混线故障处理:找到故障点后可采用重新绕包裸露芯线的方式进行临时克服。如混线故障不能消除则需要割接替换一段电缆。

(3)接地故障处理:找到故障点后,应除去故障点的金属外护套,并将护套内故障芯线逐一绕包,修复绝缘层损伤,如受损面过大过长,则应采用更换电缆方式进行克服。

(4)反接故障处理:判断出交叉线对后,松开原接头重新接续。

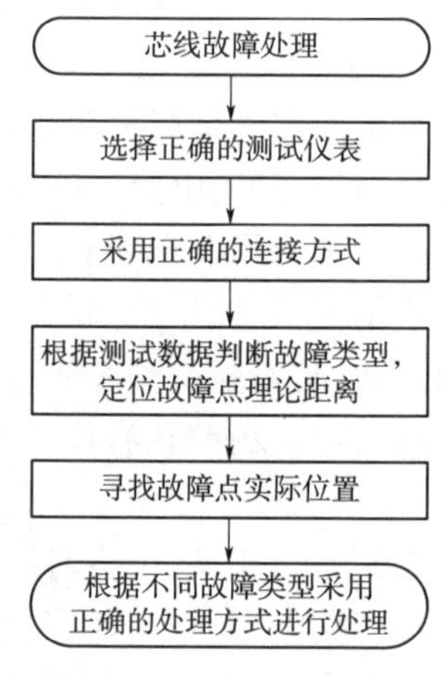

图 3-1-14 电缆故障处理流程

(5)差接:判断出差接线对后,松开原接头重新接续。

(6)交接故障处理:判断出交接线对后,松开原接头重新接续。

(7)芯线绝缘不良处理方法:绝缘不良发生的原因主要是电缆被潮气、水分侵入。处理该故障如充气电缆芯线绝缘不良情况比较轻微,可通过电缆充气机从两端不间断充气,将潮气、水分排出电缆来处理;如电缆芯线绝缘不良故障比较严重或已经阻断通信,则必须立即处理,如在接头内则打开接头,如缆身开裂、破损则纵刨电缆并进行处理,处理的方式有烘烤、吹干、浇蜡等方式去除潮气、水分,必要时通过更换切割受潮电缆克服故障。

知识点四　电缆线路故障防范

电缆故障防范主要是对电缆中间接头、终端接头的查验，要定期检测电缆绝缘、环路电阻，包括中间接头的防潮、接线盒是否有裂缝、是否潮湿进水、有无放电痕迹。在日常工作中主要防范以下情况。

(1)电缆有无受邻近高温设备烘烤，而引起电缆绝缘部分老化、损坏的现象；有无承压高温设备突然破裂后将介质喷射到电缆的可能。

(2)电缆排上有无严重积粉现象，对于易积粉的地方有无积粉自燃的现象。

(3)电缆沟道内有无积油或渗油，防止充电电气设备的油流入电缆沟道内，在设备起火时引燃电缆。

(4)电缆沟盖板是否严密，防止因电缆沟盖板不严、电焊火花等火种误入电缆沟而引起电缆着火。

(5)电缆沟道内有无漏水、积水和电缆漫水现象，防止长期水浸泡电缆而造成电缆绝缘性能降低。

(6)电缆有无发热、鼓胀现象，特别是对高压电缆和电缆接头应加强检查。

(7)严格控制在电缆附近沟道内的动火作业。

(8)电缆上有无重物积压而造成的绝缘损伤的现象。

(9)在电气化区段桥槽内敷设的电缆外护套应避免与贯通地线、桥梁金属部件直接接触，以免发生火灾。

【任务实施】

按照本组分析、讨论、归纳的结果生成任务报告单。

任务报告单

实施人员信息			
姓名		学号	
组别		组内承担任务	
序号	任务名称	任务报告	
1	电缆线路测试	测试工具： 测试方法： 测试要求：	
2	芯线故障判断	环线电阻测试法： 电缆屏蔽层连通电阻测试法： 绝缘不良故障查找方法(逐点排除法)：	
3	电缆芯线故障防范	如何进行电缆故障防范：	

【任务考核】

1. 电缆屏蔽层连通电阻测试方法连接方式可以判断哪些芯线故障?
2. 简述电缆线路故障类型。

【考核评价】

<table>
<tr><th colspan="4">总结评价(学生完成)</th></tr>
<tr><td colspan="4">任务总结</td></tr>
<tr><th colspan="4">任务实施情况</th></tr>
<tr><td colspan="4">1. 各小组介绍工作流程步骤,并演示操作过程、展示任务成果。
2. 参照通信工程项目作业程序、国家标准对整个任务实施过程、结果进行自评和互评</td></tr>
<tr><td>学生自评(A/B/C)</td><td>组内互评(A/B/C)</td><td>小组评价(A/B/C)</td><td>总等级(A/B/C)</td></tr>
<tr><td></td><td></td><td></td><td></td></tr>
<tr><td colspan="4">注:A 优秀,B 合格,C 不合格</td></tr>
</table>

<table>
<tr><th colspan="6">考核评价表(教师完成)</th></tr>
<tr><th>学号</th><td></td><th>姓名</th><td></td><th>考核日期</th><td></td></tr>
<tr><th>任务名称</th><td colspan="3">电缆线路故障处理</td><th>总等级</th><td></td></tr>
<tr><th>任务考核项</th><th>考核等级</th><th colspan="3">考核点</th><th>等级</th></tr>
<tr><td>素养评价</td><td>A/B/C</td><td colspan="3">A:能够完整、清晰、准确地回答任务考核问题。
B:能够基本回答任务考核问题。
C:基础知识掌握差,任务理解不清楚,任务考核问题回答不完整</td><td></td></tr>
<tr><td>知识评价</td><td>A/B/C</td><td colspan="3">A:熟悉任务的实施步骤,独立完成任务,有能力辅助其他同学完成规定的工作任务,实施快速,准确率高。
B:基本掌握各个环节实施步骤,有问题能够主动请教其他同学,基本完成规定的工作任务,准确率较高。
C:未完成任务或只完成了部分任务,有问题没有积极向其他同学请教,工作实施拖拉、不积极,各个部分的准确率差</td><td></td></tr>
<tr><td>能力评价</td><td>A/B/C</td><td colspan="3">A:不迟到、不早退,对人有礼貌,善于帮助他人,积极主动完成规定工作任务,笔记完整整洁,回答老师提问完全正确。
B:不迟到、不早退,在教师督导和他人辅导下,能够完成规定工作任务,回答老师提问较准确。
C:未完成任务或只完成了部分任务,有问题没有积极向其他同学请教,工作实施拖拉、不积极,不能准确回答老师提出的问题</td><td></td></tr>
</table>

项目二
通信光缆线路维护

项目引入

光缆通信线路是通信运营赖以生存、发展的物质技术基础，光缆通信线路运行的好坏直接影响通信运营的生存和发展，而光缆通信线路维护与管理是通信运营管理工作最重要的管理内容之一，只有通过加强对光缆通信线路的维护管理，使其充分发挥效能，不断改善光缆通信线路技术状态，才能延长光缆通信线路使用寿命，为高质量通信网络提供保障。本项目主要带大家学习通信光缆线路防护、维护、检查及光缆线路故障处理。

项目目标

知识目标

1. 了解光缆线路的防雷、防电、防腐蚀等要求及其防护方法。
2. 了解光缆线路维护内容。
3. 理解光缆接续与成端流程。
4. 掌握线路故障的类型。
5. 理解故障排查方法。

能力目标

1. 规范正确地完成光缆接续与成端制作。
2. 能够判断光缆线路常见故障现象并进行分析。
3. 查找光缆线路故障点的具体位置。

素养目标

1. 培养可持续发展的理念、环境保护责任，以及树立正确的环境伦理道德观。
2. 加强对项目工程的认同感和社会责任感，培养爱岗敬业、吃苦耐劳、迎难而上的精神。
3. 具有对通信工程复杂问题的分析能力，做到具体问题具体分析，灵活处理，最终解决问题。

项目导图

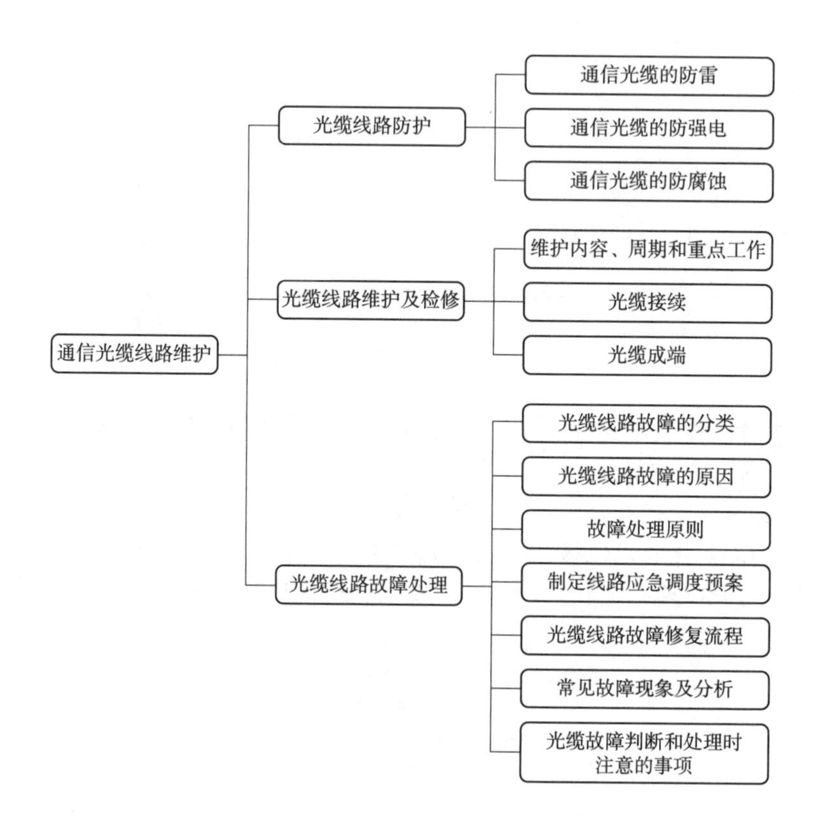

任务一　光缆线路防护

光缆线路的防护是光缆线路工程设计中十分重要的内容之一，因为关系到光缆线路的安全和使用寿命。光缆线路的防护主要包括光缆线路的防雷、防强电、防腐蚀、防白蚁、防鼠咬、防冻、防机械损伤等。因此，本任务主要讨论光缆线路的防雷、防强电、防腐蚀等相关内容。

【任务单】

任　务　单			
任务名称	光缆线路防护		
任务类型	讲授课	实施方式	老师讲解、分组讨论、案例学习
面向专业	通信相关专业	建议学时	2学时
任务实施重难点	重点：通信光缆防强电、防雷、防腐蚀的防护内容 难点：光缆线路防护措施		
任务目标	1. 熟知强电、雷电、腐蚀等对光缆的危害。 2. 掌握光缆线路防护要求。 3. 了解光缆线路防护内容。 4. 掌握光缆线路防护措施		

【任务学习】

知识点一　通信光缆的防雷

1. 雷电对通信光缆的危害

含有金属构件(如铜导线、金属铠装层等)的光缆应该考虑雷电的影响。雷电对地产生的电弧,会将位于电弧区内的光缆烧坏,使其结构变形、光纤碎断及损坏光缆内的铜线。在落雷地点产生的“喇叭口”状地电位升高区内,会使光缆内的塑料外护套发生针孔击穿等,土壤中的潮气和水,将通过该针孔侵袭光缆的金属护套或铠装,从而产生腐蚀,使光缆的寿命降低。入地的雷电流,还会通过雷击针孔或光缆的接地,流过光缆的金属铠装层,击穿光缆内铜线的绝缘。

有铜线光缆通信线路受雷电的危害,与具有塑料护套的电缆线路相似;无铜线光缆通信线路,除直击雷外,主要是雷击针孔的影响。雷击针孔虽不致立即阻断光缆通信,但对光缆通信线路造成的潜在危害仍不容忽视。

2. 光缆防雷措施

室外光电缆线路在年平均雷暴日数大于 20 天的地区及有雷击历史的地段,应采取防雷措施;光电缆线路应尽量绕过或避开雷暴危害严重地段的孤立大树、杆塔、高耸建筑、行道树木、树林等容易引雷的目标,无法避开时应采用消弧线、避雷针等保护措施;光电缆内的金属构件在局(站)内或交接箱处线路终端时,必须做防雷接地。

在考虑充分利用光缆特点的前提下,提出以下防雷措施:

(1)除各局(站)外,沿线光缆的金属构件均不接地。

(2)光缆的金属构件,在接头处不做电气连通,各金属构件间也不做电气连通。

(3)局(站)内的光缆金属构件相互连通并接保护地线。

(4)通信光缆线路通过地区的年平均雷暴日数和大地电阻率,大于或等于表 3-2-1 的数值时,对于无铜线光缆应敷设一根防雷线,对于有铜线光缆应敷设两根防雷线。

表 3-2-1　光缆通信线路防雷地段

年平均雷暴日数(天)	20	40	60	80
大地电阻率(Ω·m)	≥500	≥300	≥200	≥100

注:表中数值,是按每 100 km 光缆通信线路。光缆外护层每年可能发生 2 次针孔击穿确定的。

(5)在年雷暴日数超过 80 天、大地电阻率在 500 Ω·m 以上屡遭雷击,以及光缆、电缆曾遭受雷击的地点,除敷设两根防雷线外,加强构件宜采用非金属材料。

(6)光缆距地面上高于 6.5 m 的电杆及其拉线、高耸建筑物及其保护接地装置小于表 3-2-2 的净距要求时,应采取防雷措施。

表 3-2-2　光缆与电杆、高耸建筑物建防雷净距

大地电阻率(Ω·m)	≤100	101～500	>500
净距(m)	10	15	20

(7)光缆与高于 10 m 孤立大树树干的净距小于表 3-2-3 的要求时,应采取防雷措施。当净距不能满足要求时,可选用消弧或避雷线保护措施进行防雷保护。

表 3-2-3　光缆与孤立大树间防雷净距

大地电阻率(Ω·m)	≤100	101～500	>500
净距(m)	10	15	20

注：表中净距要求是按树根半径为 5 m 考虑的，对于树根半径大于 5 m 的大树，则应实况加大距离。

(8)采用多层金属护层的防雷电缆。在年雷暴日数小于 20 天，并且大地电阻率<100 Ω·m 的地区，可不采用任何防雷措施。

知识点二　通信光缆的防强电

1. 强电对通信光缆的危害

有金属构件的光缆线路，当其与高电压电力线路、交流电气化铁道接触网、发电厂或变电站的地线网、高压电力线路杆塔的接地装置等强电设施接近时，需考虑由电磁感应、地电位升高等因素对光缆内的铜线与金属构件所产生的危险和干扰影响。其危险和干扰影响的形式为光缆铜线上产生感应的纵向电动势。

有铜线光缆的强电影响允许值以铜线及铜线工作回路所能承受的允许值来确定，无铜线光缆的强电影响允许值以光缆的金属护层(如皱纹钢带护层、钢丝护层、铝护层)的允许影响值来确定。

用作远距离供电回路的铜线，其短期危险影响允许的纵向电动势，可用公式来计算。光缆金属护层短期危险影响允许的纵向电动势，可暂按光缆塑料外护层直流绝缘介质试验电压标准值的 60%来确定；其长期危险影响容许的纵向电动势为≤60 V。光缆通信线路受强电影响允许的纵向电动势见表 3-2-4。

表 3-2-4　光缆通信线路受强电影响允许的纵向电动势

单位：V

光缆类别	危险影响允许值		干扰影响允许值
	短期影响	长期影响	
有铜线光缆： 一般铜线 远供回路铜线	≤1 200 ≤740	≤60 ≤60	≤60
无铜线光缆： 金属护层	≤12 000	≤60	—

2. 光缆防强电措施

通信光缆线路对强电影响的防护，可选用下列措施：

(1)在选择光缆路由时应与现有强电线路保持一定的隔距，当与之接近时，应计算在光缆金属线对或构件上产生的危险影响不应超过规范规定的容许值。

(2)光缆线路与强电线路交越时，宜垂直通过；在困难情况下，其交越角度不应小于 45°。

(3)光缆接头处两侧金属构件不做电气连通，也不接地。

(4)当上述措施无法满足要求时，可增加光缆绝缘外护层的介质强度，采用非金属加强芯或无金属构件的光缆。

(5)在与强电线路平行地段进行光缆施工或检修时，应将光缆内的金属构件做临时接地。

(6)本地光缆网一般选用无铜导线、塑料外护套耐压强度为 15 kV 的光缆，并考虑将各单盘光缆的金属构件在接头处做电气断开，将强电影响的积累段限制在单盘光缆的制造长度(一般为 3 km)内，光缆线路沿线不接地，仅在各局(站)内接地。

(7)对有金属回路的光缆，可选用以下防护措施：

①增加屏蔽性能，改变光缆外护套的铠装材料，提高光缆屏蔽系数。

②缩短受影响区段的积累长度，在系统容许距离范围内，调整远供环回路站位置。

③接入防护滤波器。

④安装放电器。

⑤安装分隔变压器或屏蔽变压器。

(8)7/2.2 钢绞线吊线可视为光缆吊线的防电、防雷的良导体，故吊线采取每 1 000 m 接地一次；对土壤为普通土、硬土、砂砾土，电阻率 $\rho \leqslant 100\ \Omega \cdot m$ 的地带，采用拉线式地线与吊线相接；对土壤为岩石、砾石、风化石，电阻率 $\rho > 100\ \Omega \cdot m$ 的地带，采用角钢接地体，引线采用 7/2.2 钢绞线。接地电阻应小于 20 Ω。在与电力线交叉的情况下，应做好绝缘处理。

3. 通信线路与其他电气设备间的最小垂直距离

通信线路与其他电气设备间的最小垂直距离要求见表 3-2-5。

表 3-2-5　通信线路与其他电气设备间的最小垂直净距

其他电气设备名称	最小垂直净距(m)		备　注
	架空电力线路有防雷保护设备	架空电力线路无防雷保护设备	
35～110 kV 电力线(含 110 kV)	3.0	5.0	最高缆线到电力线条
110～220 kV 电力线(含 220 kV)	4.0	6.0	最高缆线到电力线条
220～230 kV 电力线(含 230 kV)	5.0	—	最高缆线到电力线条
230～500 kV 电力线(含 500 kV)	8.5	—	最高缆线到电力线条
供电线接户线	0.6		—
霓虹灯及其外铁架	1.6		—
电气铁道及电车滑接线	1.25		—

注：1. 供电线位被覆线时，光缆也可以在供电线上分交越。

2. 光缆必须在供电线上方交越，跨越档两侧电杆及吊线安装应做加强保护措施。

3. 通信线应架设在供电线路的下方位置，应架设在电车滑接线的上方位置。

知识点三　通信光缆的防腐蚀

1. 光缆腐蚀的分类

因外界化学、电化学等的作用而使光缆护层的金属遭到损害的现象叫作光缆腐蚀。根据腐蚀的过程中物理、化学性质的不同，腐蚀可分为以下几种：化学腐蚀、电化学腐蚀、晶间腐蚀及微生物腐蚀等。

(1)金属与介质间的纯粹化学作用的过程称为化学腐蚀。光缆的金属外护套在高温和干燥的空气中氧化形成金属氧化层而脱落，或在非电解液中的金属腐蚀都叫化学腐蚀。但对于埋式光缆腐蚀的整体来衡量，化学腐蚀部分是微不足道的，一般不予考虑。

(2)以各种化学反应为基础的腐蚀过程称为电化学腐蚀。这种腐蚀过程的重要标志是在金属被破坏的同时有电流存在。其腐蚀原理分为电解原理和原电池原理。电化学腐蚀既能使光缆产生长距离、大范围的腐蚀,也能产生小范围、多点腐蚀,进而引起在通信光缆维护中发生长距离换缆和多点维修现象。电化学腐蚀是整个地下光缆防腐蚀的重点。

(3)晶间腐蚀是由于光缆的护套在制造或工程施工中发生机械损伤,加上光缆在土壤中经常受到振动及冻土内光缆受冻土膨胀、收缩作用,使光缆的金属护套产生晶间破裂而引起的。如果加上电化学腐蚀,那么这种腐蚀将是十分危险的。由于这种腐蚀具有偶然性,因此,目前还没有很好的防护方法。

(4)由于微生物腐蚀较轻微,一般也不予考虑。

2. 地下光缆的腐蚀程度

(1)用土壤电阻率估量对铝包光缆的腐蚀程度见表 3-2-6。

表 3-2-6 用土壤电阻率估量对铝包光缆的腐蚀程度

腐蚀程度	很弱	弱	中	强	很强
土壤电阻率(Ω·m)	100 以上	20~100	10~20	5~10	5 以下

(2)用土壤电阻率估量对光缆钢铠装的腐蚀程度见表 3-2-7。

表 3-2-7 用土壤电阻率估量对光缆钢铠装的腐蚀程度

腐蚀程度	弱	中	强
土壤电阻率(Ω·m)	50 以上	23~50	23 以下

(3)用 pH 值估量对光缆钢铠装的腐蚀程度见表 3-2-8。

表 3-2-8 用 pH 值估量对光缆钢铠装的腐蚀程度

腐蚀程度	弱	中	强
pH 值	6.5~8.5	6.0~6.5	6.0 以下,8.5 以上

(4)用水中各离子浓度估量对光缆铝护套的腐蚀程度见表 3-2-9。

表 3-2-9 用水中各离子浓度估量对光缆铝护套的腐蚀程度

腐蚀程度	**指　标**			
	pH 值	**氯离子 Cl^-**/(mg/L)	**硫酸根 SO_4^{2-}**/(mg/L)	**铁离子 Fe^{3+}**/(mg/L)
弱	6.0~7.5	小于 5	小于 30	小于 1
中	4.5~6 7.5~8.5	5~10	30~150	1~10
强	小于 4.5 大于 8.5	大于 50	大于 150	大于 10

3. 地下光缆电化学防护指标

光缆对地的防护电位值介于表 3-2-10 和表 3-2-11 所列范围内,大地漏泄电流时,光缆金属护套容许的漏泄电流数值不应在表 3-2-12 所列数值范围外。

表 3-2-10　光缆对地容许防护电位上限值

光(电)缆护套材料	按氢电极计算(V)	按硫酸铜电极计算(V)	介质性质
钢	−0.55	−0.57	酸性或碱性

表 3-2-11　光缆对地容许防护电位下限值

光(电)缆护套材料	防腐覆盖层	按氢电极计算(V)	按硫酸铜电极计算(V)	介质性质
钢	有	−0.9	−1.22	在所有介质中
钢	部分损坏	−1.2	−1.52	在所有介质中
钢	五	由对相邻金属设备的有害影响来确定		在所有介质中

表 3-2-12　光缆金属护套容许的漏泄电流密度

光缆护套材料		容许的漏泄电流密度值(mA/dm^2)
钢		0.35
铝	交流	50～100
	直流	0.2～0.7

注：面积是指在光缆两测试电流点长度间光缆金属护套表面与大地的接触面积。

4. 地下通信光缆防腐蚀措施

防止地下通信光缆金属护套遭受电化学腐蚀、晶间腐蚀、土壤和水引起腐蚀、漏泄电流腐蚀的防护措施可以归纳如下：

(1)防止电化学腐蚀、晶间腐蚀的防护措施见表 3-2-13。

表 3-2-13　防止电化学腐蚀、晶间腐蚀的防护措施

防护措施	非电气防护法	选择免腐蚀的光缆路由	
		采用绝缘外护层保护	
		改变腐蚀环境	
	电气防护法	直接保护	直流排流法
			极性排流法
			强迫排流法
		阴极保护	牺牲阴极保护
			外电源阴极保护
		绝缘套与绝缘节	
		均压法	
		防蚀地线	

(2)防止土壤和水引起腐蚀的防护措施见表 3-2-14。

表 3-2-14　防止土壤和水引起腐蚀的防护措施

土壤防蚀性强弱 (土壤变化情况)	腐蚀段落长度	防腐蚀措施	备　注
强腐蚀地段	长段落	1. 采用具有二级防腐蚀性能的塑料护层光缆; 2. 采用外电源阴极保护或牺牲阳极保护	根据现场电源条件
局部腐蚀地段(小型积肥坑、污水塘等)	短段落	1. 采用牺牲阳极保护; 2. 在光缆上包沥青油、沥青玻璃丝带或塑料带30号胶等防蚀层,采用绕避填迁腐蚀源法	—
中等腐蚀地段(土壤干湿变化较大的交界地段)	中等段落	包覆防蚀层或安装牺牲阳极保护	—

(3)防止漏泄电流腐蚀的措施

光缆敷设于存在漏泄电流腐蚀的区域内,光缆上将出现阳极区或变极区,漏泄电流值超过容许值时,可以根据现场条件,采用排流器或外电源阴极保护。

总得来说,由于光缆外护套为 PE 塑料,具有良好的防蚀性能。光缆缆芯设有防潮层并填有油膏,因此除特殊情况外,不再考虑外加的防蚀和防潮措施。但为避免光缆塑料外护套在施工过程中局部受损伤,以致形成透潮进水的隐患,施工中要特别注意保护光缆塑料外护套的完整性。

【任务实施】

按照本组分析、讨论、归纳的结果生成任务报告单。

任务报告单

<table>
<tr><th colspan="4">实施人员信息</th></tr>
<tr><td>姓名</td><td></td><td>学号</td><td></td></tr>
<tr><td>组别</td><td></td><td>组内承担任务</td><td></td></tr>
<tr><td>序号</td><td>任务名称</td><td colspan="2">任务报告</td></tr>
<tr><td>1</td><td>光缆线路防腐蚀</td><td colspan="2">地下光缆处理方式:
直埋光缆处理方式:</td></tr>
<tr><td>2</td><td>光缆线路防雷电处理</td><td colspan="2">光缆加强构件的选择:
电杆、拉线防雷措施:</td></tr>
</table>

【任务考核】

1. 通信光缆的防雷措施是什么?
2. 通信光缆的防强电措施有哪些?
3. 通信光缆的防腐蚀措施是什么?

【考核评价】

<table>
<tr><th colspan="4">总结评价(学生完成)</th></tr>
<tr><td colspan="4">任务总结</td></tr>
<tr><th colspan="4">任务实施情况</th></tr>
<tr><td colspan="4">1. 各小组介绍工作流程步骤，并演示操作过程、展示任务成果。
2. 参照通信工程项目作业程序、国家标准对整个任务实施过程、结果进行自评和互评</td></tr>
<tr><td>学生自评(A/B/C)</td><td>组内互评(A/B/C)</td><td>小组评价(A/B/C)</td><td>总等级(A/B/C)</td></tr>
<tr><td></td><td></td><td></td><td></td></tr>
<tr><td colspan="4">注：A 优秀，B 合格，C 不合格</td></tr>
</table>

<table>
<tr><th colspan="6">考核评价表(教师完成)</th></tr>
<tr><th>学号</th><td></td><th>姓名</th><td></td><th>考核日期</th><td></td></tr>
<tr><th>任务名称</th><td colspan="3">光缆线路防护</td><th>总等级</th><td></td></tr>
<tr><th>任务考核项</th><th>考核等级</th><th colspan="3">考核点</th><th>等级</th></tr>
<tr><td>素养评价</td><td>A/B/C</td><td colspan="3">A：能够完整、清晰、准确地回答任务考核问题。
B：能够基本回答任务考核问题。
C：基础知识掌握差，任务理解不清楚，任务考核问题回答不完整</td><td></td></tr>
<tr><td>知识评价</td><td>A/B/C</td><td colspan="3">A：熟悉任务的实施步骤，独立完成任务，有能力辅助其他同学完成规定的工作任务，实施快速，准确率高。
B：基本掌握各个环节实施步骤，有问题能够主动请教其他同学，基本完成规定的工作任务，准确率较高。
C：未完成任务或只完成了部分任务，有问题没有积极向其他同学请教，工作实施拖拉、不积极，各个部分的准确率差</td><td></td></tr>
<tr><td>能力评价</td><td>A/B/C</td><td colspan="3">A：不迟到、不早退，对人有礼貌，善于帮助他人，积极主动完成规定工作任务、笔记完整整洁，回答老师提问完全正确。
B：不迟到、不早退，在教师督导和他人辅导下，能够完成规定工作任务，回答老师提问较准确。
C：未完成任务或只完成了部分任务，有问题没有积极向其他同学请教，工作实施拖拉、不积极，不能准确回答老师提出的问题</td><td></td></tr>
</table>

任务二　光缆线路维护及检修

光缆通信线路是通信运营商赖以生存、发展的物质技术基础，光缆通信线路运行的好坏直接影响通信运营的生存和发展，而光缆通信线路维护与管理是通信运营管理工作最重要的管理内容之一，只有通过加强对光缆通信线路的维护管理，使其充分发挥效能，不断改善光缆通信线路技术状态，才能延长光缆通信线路使用寿命，为通信运营商获取最佳经济效益。

【任务单】

任　务　单			
任务名称	光缆线路维护及检修		
任务类型	讲授课	实施方式	老师讲解、分组讨论、案例学习
面向专业	通信相关专业	建议学时	2 学时
任务实施重难点	重点：光缆接续与成端流程。 难点：规范正确地完成光缆接续与成端制作		
任务目标	1. 掌握光缆线路维护内容。 2. 熟知光纤熔接步骤。 3. 能够进行光缆接续。 4. 能够进行光缆成端制作		

【任务学习】

知识点一　维护内容、周期和重点工作

光缆线路经施工并验收合格后，就投入了通信运营过程中。由于光缆线路设施主要设置在室外或野外，环境开放，容易受外界自然环境和社会环境的影响，如放松设备维护，会加速其老化，缩短其使用寿命，或是由于外力施工的影响而导致光缆线路受到损伤。这些不良的影响都会干扰正常的通信。影响不严重时，会引起通信质量恶化，降低业务量，甚至出现突发事件，使通信中断。这样就会给人们正常的生产和生活带来影响，同时对国民经济造成不必要的损失。因此，如何防止线路故障的发生，或是在线路故障发生后，能及时地查清线路故障原因，尽早地修复线路，这就造成了通信运营过程中的主要工作，即对光缆线路实施有效维护。

1. 维护工作内容及周期

光缆线路设备的维护工作分为“日常维护”和“技术维修”两大类。日常维护和技术维修均应根据维护要求的质量标准，按规定的周期进行，确保线路设备处于完好状态。

光缆线路维护工作是按季节规律进行组织和安排的，是循环性期限维护工作。某项维护工作，每进行一次维护后到下一次开始进行维护所经过的时间叫做维护周期。

日常维护和技术维护均应根据质量标准，按规定的周期进行，确保光缆线路设备处于完好状态。

2. 日常维护的重点工作

线路巡护是光缆线路日常维护中的一项重要工作，是预防线路发生故障的重要措施，是

维护人员的主要任务，也是日常维护的重点工作。巡护可分为车巡和步巡两种方式。

巡护的目的是了解沿线地形、地貌及变化情况，了解险情及交通情况，熟悉线路路由位置，检查光缆线路设备，查找问题和缺陷，消除线路故障隐患，以避免事故的发生。因此，要求维护人员必须按照规定要求定期巡护。大雨过后及其他特殊情况应增加巡护次数。必要时，可派人驻守主要线路区段，确保光缆线路安全。

日常维护由光缆包线员实施，必要时，可以派其他维护人员协助。步巡时必须沿线路路由徒步前进，不得绕行。沿路由边走边观察线路两侧的情况变化，对可能发生的情况要有预见性、敏感性，对所有危害光缆线路设备的情况都要引起重视。对巡查发现的问题应详细记录，及时汇报，然后分析研究，根据问题的性质，分清轻重缓急，及时加以解决。某些急需解决而维护员又能够解决的问题，必须立即处理。对危及光缆安全的作业，要讲明情况，立即制止。对于维护人员无力解决的问题，应及时向上级领导反映，不得拖延或不予处理。

巡护是预防线路故障发生的基础工作。各级光缆线路维护单位和维护人员都应明确巡护工作的具体内容和要求，建立巡护报告制度，及时发现问题并消除光缆线路安全隐患。

光缆线路由于敷设方式不同，可分为架空、直埋、管道和水底等几种类型，每种类型都有其不同的特点，其维护工作也同样是有所不同的。

3-2-1　通信线路光缆抢修工具介绍

3-2-2　光纤熔接常用工具使用方法

知识点二　光缆接续

1. 光纤熔接机基本工作原理

首先，光纤熔接机通过 CCD 镜头找到光纤纤芯，并对准两根光纤的纤芯。然后，进行放电，两根电极棒瞬间释放几千伏的高压，达到击穿空气的效果，击穿空气后会产生一个瞬间的电弧，同时电弧产生高温将已经对准的两条纤芯的前端融化。由于光纤是二氧化硅材质，很容易达到熔融状态，将两根光纤通过电机自动推进自动对准，最后熔接在一起。

2. 光纤熔接

打开光纤熔接机电源，选择熔接机的熔接模式：SM 用于熔接单模光纤。设置预熔时间、预熔电流、熔接时间、重叠量、端面角和间隙等熔接参数。

(1)放电校正

打开熔接机电源，按下“MENU”键进入主菜单，用上下方向键选择“放电校正”，按“ENT”键进入放电校正程序。把切割好的光纤放入熔接机 V 形槽，按“SET”键对待熔接的光纤进行放电校正，当显示屏上显示 OK 时，放电校正操作完毕，如一次校正屏幕未能显示 OK，则需重复本步骤操作。

注意：每次开机熔接前，对待熔接的光纤都须做放电校正，以选择良好的熔接程序，确保稳定的、良好的熔接质量。一般情况下，熔接程序选择好后，对同一批待熔光纤则不需再选程序，但如个别光纤熔接损耗大，需重新做放电校正，选择适合的熔接程序。

在以下条件工作时也应做放电校正：超高温、超低温、极干燥，极潮湿环境，电极劣化，异类光纤接续，清洁及更换电极后或上述条件同时存在的情况下。

(2)注意事项

①装光纤时要小心，裸光纤端部不要擦、触任何物体。

②光纤被覆层的端部应夹持台座边沿。

③应确保被覆光纤压板压紧被覆光纤；关闭防尘罩时，注意防尘罩不要压住光纤。

(3)熔接步骤

准备光纤熔接机、光纤切割刀、G. 655 单模光纤、热缩管、酒精、脱脂棉、剥线钳等工具。

①制作裸纤

a. 清洁光纤涂覆层:用蘸有酒精的脱脂棉擦洗光纤的涂覆层约 100 mm,以去除光纤涂覆层上的灰尘或其他杂质,避免灰尘或杂质进入光纤热缩管,造成光纤的断裂。

b. 套光纤热缩管:将其中一段光纤轻轻地穿过热缩管,如图 3-2-1 所示。

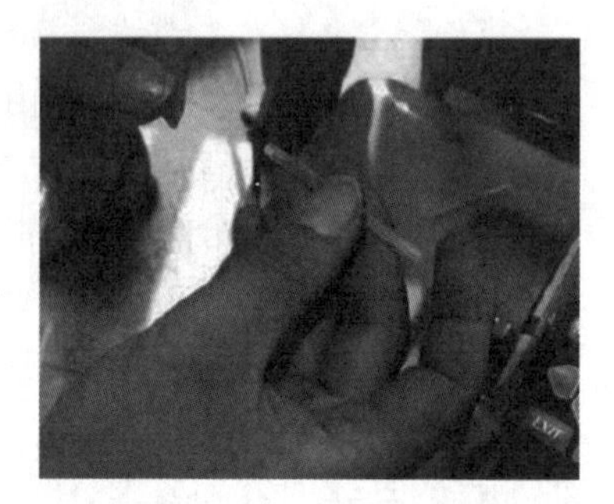

图 3-2-1　套光纤热缩管

c. 去除涂覆层:用剥线钳将待融光纤的涂面层剥掉 3 cm,露出纤芯(光纤涂覆层的剥除,要掌握平、稳、快三字剥纤法。"平",即持纤要平,左手拇指和食指捏紧光纤,使之成水平状,所露长度以 5 cm 为准,余纤在无名指、小拇指之间自然打弯,以增加力度,防止打滑。"稳",即剥纤钳要握得稳。"快"即剥纤要快,剥纤钳应与光纤垂直,上方向内倾斜一定角度,然后用钳口轻轻卡住光纤,右手随之用力,顺光纤轴向平推出去,整个过程要自然流畅,一气呵成)。

d. 清洁裸纤:将棉花撕成层面平整的扇形小块,沾少许酒精(以两指相捏无溢出为宜),折成 V 形,夹住已剥覆的光纤,顺光纤轴向擦拭,力争一次成功,如图 3-2-2 所示。棉花要及时更换,每次要使用棉花的不同部位和层面,这样即可提高棉花利用率,又防止了光纤的两次污染。

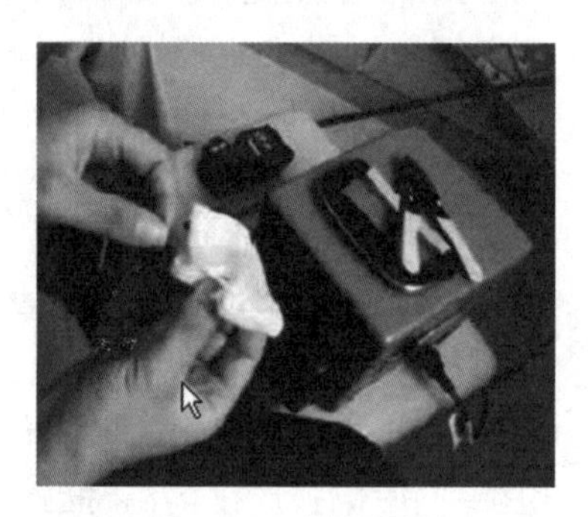

图 3-2-2　清洁裸纤

②切割光纤端面

方法:利用光纤切割刀,将剥去外皮清洁好的光纤进行切割。

a. 掀开光纤切割刀夹具,提起砧座,沿箭头所指相反方向滑动刀座。

b. 将清洁过的光纤放入 V 形槽中,普通单模光纤切割长度约为 8~16 mm。

c. 轻轻关闭夹具直到听到"咔哒"声,沿箭头的方向轻轻的推动刀座,用手指按下砧座,按下砧座时不要用力太大,防止砧板压断有划痕的光纤。

d. 提起砧座,打开夹具,从 V 形槽中取出光纤。切割后的端面应平滑、无毛刺、无缺损,切割后的裸纤不能再清洁,以免损伤光纤端面;若平整度较差,需重新制作光纤端面。

注意:请勿将光纤端面触及任何部位,以免弄脏或损坏光纤。

要求:制作好的端面应为平整镜面,并且端面垂直于光纤周轴,边缘要求整齐、无缺损、无毛刺,如图 3-2-3。端面制备好后的裸线长度为 2 cm。

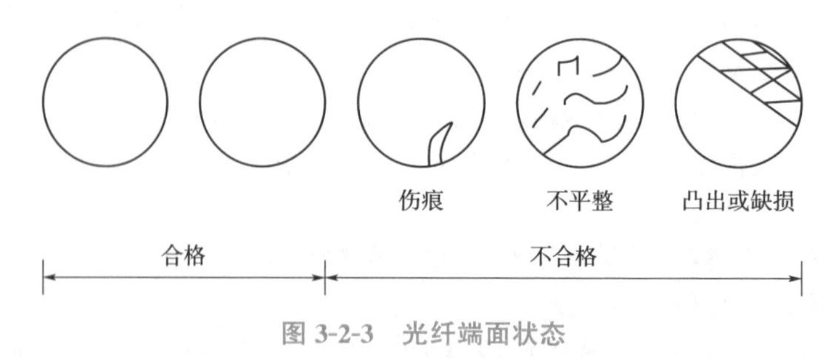

图 3-2-3　光纤端面状态

③光纤的对接及熔接

a. 打开光纤熔接机的防尘罩。

b. 打开左、右光纤压板。

c. 将切割好的裸纤垂直平放于V形槽中，光纤端面应距放电电极 1 mm，如图 3-2-4 所示，然后轻轻的盖上光纤左、右压板，合上光纤压脚，盖上防尘罩。

图 3-2-4　熔接时光纤放置位置

d. 采用“自动”方式，按下“熔接”按钮，熔接机将自动对准、熔接。

e. 熔接检查及损耗估算。观察接头处是否出现太粗、太细情况，有无气泡，如图 3-2-5 所示。读取屏幕上显示的熔接损耗估算值，并做记录。

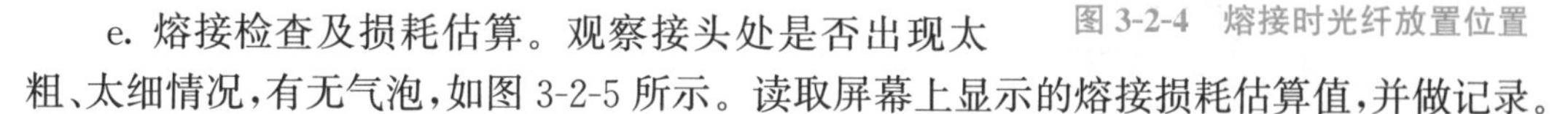

图 3-2-5　光纤熔接情况

f. 打开防尘罩，打开左、右夹具，取出熔接好的光纤。

④接头的增强保护

a. 打开光纤加热器防尘罩、光纤的左右压板。

b. 从熔接机上平稳取下光纤，避免从倾斜方向硬拉，将热缩套管轻轻的拉到接头部位，使得热缩套管盖住两端光纤涂覆层不小于 10 mm。

c. 拉紧光纤，放入加热槽的中心位置，按下加热槽的左右压板，固定光纤。放置热缩套管时确保加固金属体朝下。

d. 按“加热”键，热缩套管加热后收缩，使得光纤不能在套管内移动，达到保护接头的目的。

e. 加热完毕后，加热灯熄灭。打开左右加热器夹具，拉紧光纤，将光纤取出放到熔接机的散热片上冷却即可。检查热加固质量，以裸纤平直、热接头处热缩套管无泡为佳，如图 3-2-6 所示。

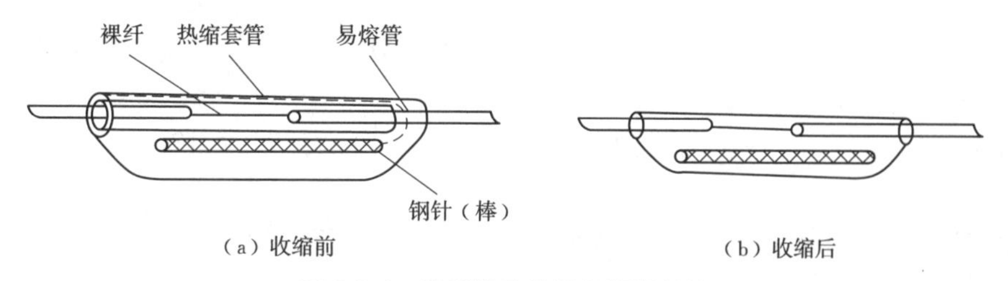

图 3-2-6　光纤接头热缩补强保护法

3. 光缆接续的方法和步骤

虽然目前光缆接头盒和光缆的程式比较多，不同接头盒所需的连接材料、工具及接续的方法和步骤不完全相同。但其主要的程序以及操作的基本要求是一致的。光缆接续一般施工程序如图 3-2-7 所示。

3-2-3　光纤熔接

(1)光缆接续前准备

①在光缆接续工作开始前，必须熟悉所使用的接头盒的性能、操作方法

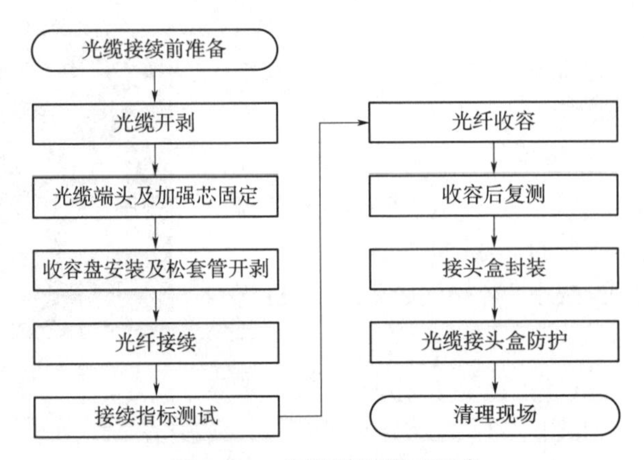

图 3-2-7 光缆接续施工程序

和质量要点，尤其是以前从未使用过的接头盒，一定要仔细研究其使用方法。

②接头用器材（接头盒）、工具仪表（熔接机、OTDR、开剥光缆工具、封装接头盒工具等）、车辆准备和防护器具（遮阳伞、帐篷、夜间照明灯具等）的准备。

③待接光缆在接续前的测试（包括光、电气特性测试）完好，接续前待接光缆出现的问题应及时处理。

④平整接头场地，放置好工作台及需用工具、材料（工具、材料应擦拭干净）。

(2)光缆开剥

①用棉纱擦去光缆外护套上的污物（距端头 2 m），核对光缆 A/B 端（判断 A/B 端时，面向光缆端面，松套管色谱顺序按顺时针从红到绿或从蓝到橙排列为 A 端，反之为 B 端），并在光缆端头各锯去 100 mm（检查端头部位是否完好，如有损坏现象应切除）。同时，要考虑光缆接续后余留是否充足。

②根据光缆外径选择合适孔径的密封圈（2 片）套入光缆上待用，同时扎上扎带，防止密封圈大范围滑动。

③距光缆端头 1 300 mm（光缆开剥长度根据不同的接头盒确定）处用专用割刀环切光缆外护层一周，然后轻折几次使环切处折断，将要剥除的光缆外层护套往端口侧用力抽去，裸露内护套层（可分段去除外护套）。

④距外护套切口 15 mm 处用专用割刀将内护套环切一圈，轻轻将内护套折断抽出（如护套过紧，一次不易抽出，可分 2～3 段处理）。

⑤从光缆缆芯端头松解包层至护套切口处，并用刀片将包层割除，裸露松套管及加强芯等。

⑥依次用棉纱和酒精棉将松套管及加强芯上油膏擦净，并剪去填充物等。

⑦同样的方法开剥另一侧光缆。

(3)光缆端头及加强芯固定

①调整好工作台固定支架上的光缆距离，使两侧光缆基本平直对应。

②距外护套切口处保留加强芯 100 mm 长（加强芯保留长度根据不同的接头盒确定），其余部分剪去，如加强芯有塑管保护，应在加强芯端头 35 mm 处用刀片割除塑管露出加强芯。

③将光缆连接支架上的光缆夹箍固定在光缆上，使光缆外护套切口处露出夹箍 5 mm。如缆身小于夹箍内孔直径，应在该部位缠绕若干层橡胶自粘带。

④将光缆加强芯固定片穿入固定孔中，用螺栓紧固在支架上，并将加强芯端头做打弯处

理，剪去多余加强芯。

⑤用相同的方法固定另一侧光缆端头及加强芯。

(4)收容盘安装及松套管开剥

①用酒精棉纱将光纤接续所需用的材料、工具擦净待用。

②按顺序检查松套管的排列，把两侧松套管分开理顺并编号(有的接头盒要求松套管在盒内进行盘留)。

③将光纤收容板上的两个孔对准底部连接支架上的两个孔位，用螺栓拧紧。

④按收容盘上的标记确定松套管开剥位置，选用束管钳适合的刀口，将松套管放入该刀口，夹紧束管钳将松套管切断并抽去，露出光纤(可分段割除)。

⑤用酒精棉擦净光纤上油膏，再把松套管放置在收容板的引入槽内(使松套管口不超过引入槽口为宜)，并用尼龙扎带将光纤松套管绑扎在槽孔上，不宜太紧，应稍能移位松动。

⑥为了接续后方便盘留余纤，可将去除了松套管的光纤在收容盘内进行预盘留，然后剪去多余的光纤。

(5)光纤接续

步骤流程参考前面光纤熔接内容。

(6)接续指标测试

采用OTDR进行光缆线路接续施工和接续损耗监测是目前最常用、最有效的方法。这种方法最主要的一个优点是，在测得精确接续损耗的同时还可以测出接续点与测试点之间的准确距离。这一点对光缆线路的日常维护来说是非常重要的。

OTDR监测一般有四种方式：远端监测方式、近端监测方式、近端监测远端环回方式和两端监测方式。在施工和维护中可以根据需要选择不同的测试方式。

(7)光纤收容

光纤接续完毕并测试合格后，收容光纤余长。目前接头盒常用平板式盘绕法，就是将裸光纤盘绕在接头盒内的光纤收容盘中(俗称盘纤)，如图3-2-8所示。

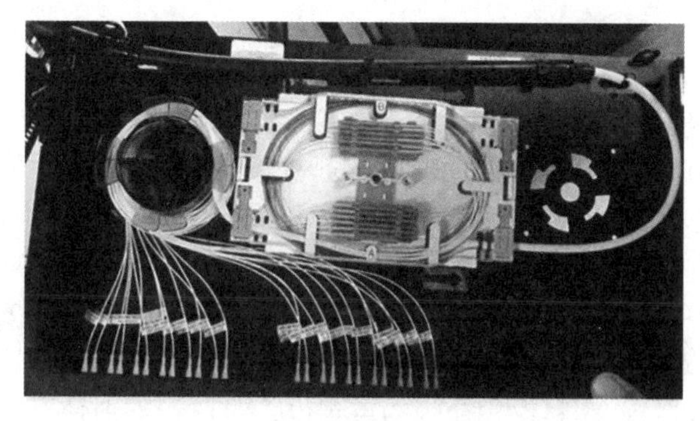

图3-2-8　盘纤成品图

(8)收容后复测

盘纤结束后盖上保护盖，通知测试点进行复测。

(9)接头盒封装

接续点接到收容复测合格后进行接头盒封装。在接头盒封装之前，应检查以下内容：光缆加强芯是否安装牢靠；光缆安装是否牢固；光纤收容盘是否固定牢靠；光纤在收容盘内是否有微弯和受力的地方。检查完以上内容均符合要求后，可封装接头盒。

(10)光缆接头盒防护

接头防护是光缆接续、光缆割接、故障抢修中的最后一道工序。接头防护分接头盒固定和余留光缆固定两道工序。

(11)清理现场

收拾所用仪器、仪表及工具,清理现场。

知识点三 光缆成端

1. 光缆成端的方法

铁路通信系统光缆成端主要有用户成端、中间站成端和通信站成端。用户成端是在光终端盒中进行成端,中间站成端是在综合引入柜中进行成端,通信站成端是在光纤配线架中进行成端。

(1)光终端盒

光终端盒是光传输系统中一个重要的配套设备,光终端盒的作用是将光缆和尾纤进行熔接,实现光缆的成端。它具有光路调接、尾纤存储的作用,一般应用在用户端,但有时也应用在中间站。

(2)综合引入柜

在铁路中间站通信机械室内,需要对各种电缆、光缆进行引入、配线,还可以放入铁路数字专用系统的车站分系统的后台设备等。在综合柜的内部设有光纤配线单元,主要完成光缆的引入、光纤的熔接与收容、配线光纤的盘储、配线尾纤与跳线尾纤的固定与连接等功能。光纤配线单元与光纤配线架的作用很相似,只是应用的位置不同,容量不同。

(3)光纤配线架

光纤配线架(ODF)又称光纤配线柜,广泛应用在通信、广电、智能楼宇等领域,是用于光纤通信网络中对光缆、光纤进行终接、保护、连接及配线的设备。在设备上可以实现对光缆的固定、开剥、接地保护及各种光纤的熔接、跳转、冗纤盘绕、合理布放、配线调度等功能,是传输媒体与传输设备之间的配套设备。

2. 光缆成端的技术要求

(1)光缆进入机房前应留足够的长度,一般不少于 12 m。

(2)光缆标识清晰明了,引入机架时弯曲半径应不小于光缆直径的 15 倍。

(3)采用终端盒方式成端时,终端盒应固定在安全、稳定的地方。

(4)成端接续要进行监测,接续损耗要在规定值之内。

(5)采用 ODF 方式成端时,光缆的金属护套、加强芯等金属构件要安装牢固,光缆的所有金属构件要做终结处理,并与机房保护地线连接。

(6)光缆开剥长度适宜,塑料保护套管约束到位、不打折、不别劲、且冗余适当。

(7)从终端盒或 ODF 内引出的尾纤要插入机架的珐琅盘内,空余备用尾纤的连接器要带上塑料帽,防止落上灰尘。

(8)光缆成端后必须对尾纤进行编号,同一中继段两端机房的编号必须一致。无论施工还是维护,光纤编号不宜经常更改。尾纤编号和光缆色谱对照表应贴在 ODF 架的柜门或面板内侧。

【任务实施】

按照本组分析、讨论、归纳的结果生成任务报告单。

任务报告单

实施人员信息			
姓名		学号	
组别		组内承担任务	
序号	任务名称	任务报告	
1	光缆线路维护重点工作	操作步骤：	
2	光缆接续	光纤熔接流程： 光缆接续步骤： 盘纤注意事项：	
3	光缆成端	操作步骤：	

【任务考核】

1. 光缆线路维护质量标准有哪些？
2. 光纤收容的方法和注意事项有哪些？
3. 光纤熔接步骤是什么？
4. 光缆成端程序是什么？

【考核评价】

总结评价（学生完成）			
任务总结			
任务实施情况			
1. 各小组介绍工作流程步骤，并演示操作过程、展示任务成果。 2. 参照通信工程项目作业程序、国家标准对整个任务实施过程、结果进行自评和互评			
学生自评(A/B/C)	组内互评(A/B/C)	小组评价(A/B/C)	总等级(A/B/C)
注：A优秀，B合格，C不合格			

<table>
<tr><th colspan="6">考核评价表(教师完成)</th></tr>
<tr><td>学号</td><td></td><td>姓名</td><td></td><td>考核日期</td><td></td></tr>
<tr><td>任务名称</td><td colspan="3">光缆线路维护及检修</td><td>总等级</td><td></td></tr>
<tr><td>任务考核项</td><td>考核等级</td><td colspan="3">考核点</td><td>等级</td></tr>
<tr><td>素养评价</td><td>A/B/C</td><td colspan="3">A:能够完整、清晰、准确地回答任务考核问题。
B:能够基本回答任务考核问题。
C:基础知识掌握差,任务理解不清楚,任务考核问题回答不完整</td><td></td></tr>
<tr><td>知识评价</td><td>A/B/C</td><td colspan="3">A:熟悉任务的实施步骤,独立完成任务,有能力辅助其他同学完成规定的工作任务,实施快速,准确率高。
B:基本掌握各个环节实施步骤,有问题能够主动请教其他同学,基本完成规定的工作任务,准确率较高。
C:未完成任务或只完成了部分任务,有问题没有积极向其他同学请教,工作实施拖拉、不积极,各个部分的准确率差</td><td></td></tr>
<tr><td>能力评价</td><td>A/B/C</td><td colspan="3">A:不迟到、不早退,对人有礼貌,善于帮助他人,积极主动完成规定工作任务,笔记完整整洁,回答老师提问完全正确。
B:不迟到、不早退,在教师督导和他人辅导下,能够完成规定工作任务,回答老师提问较准确。
C:未完成任务或只完成了部分任务,有问题没有积极向其他同学请教,工作实施拖拉、不积极,不能准确回答老师提出的问题</td><td></td></tr>
</table>

任务三　光缆线路故障处理

由于外界因素或光纤自身等原因,造成光缆线路阻断而影响通信业务的现象称为光缆线路故障。光缆阻断不一定都导致业务中断,形成故障导致业务中断的按故障修复程序处理,不影响业务未形成故障的按割接程序处理。能够及时处理光缆线路故障,对保障通信的畅通很有必要性。

【任务单】

<table>
<tr><th colspan="4">任　务　单</th></tr>
<tr><td>任务名称</td><td colspan="3">光缆线路故障处理</td></tr>
<tr><td>任务类型</td><td>讲授课</td><td>实施方式</td><td>老师讲解、分组讨论、案例学习</td></tr>
<tr><td>面向专业</td><td>通信相关专业</td><td>建议学时</td><td>2 学时</td></tr>
<tr><td>任务实施重难点</td><td colspan="3">1. 重点:光缆线路故障类型判断。
2. 难点:光缆线路常见故障现象及分析</td></tr>
<tr><td>任务目标</td><td colspan="3">1. 了解光缆线路故障类型。
2. 熟知光缆线路故障产生的原因。
3. 能够进行光缆线路故障的处理。
4. 掌握光缆线路常见故障现象及分析</td></tr>
</table>

【任务学习】

知识点一　光缆线路故障的分类

根据故障光缆光纤阻断情况，可将故障类型分为光缆全断、部分束管中断、单束管中的部分光纤中断3种。

1. 光缆全断的处理

(1)如果现场两侧有预留，采取集中预留，增加一个接头的方式处理；

(2)故障点附近有接头并且现场有足够的预留，采取拉预留，利用原接头的方式处理；

(3)故障点附近既无预留、又无接头，宜采用续缆的方式解决。

2. 光缆中的部分束管中断或单束管中的部分光纤中断的修复

其修复以不影响其他在用光纤为前提，推荐采用开天窗接续方法进行故障光纤修复。

知识点二　光缆线路故障的原因

引起光缆线路故障的原因大致可以分为四类：外力因素、自然灾害、光纤自身缺陷及人为因素。

1. 外力因素引发的线路故障

(1)外力挖断：处理挖机施工挖断的故障，对管道光缆应打开故障点附近人(手)井查看光缆是否在人(手)井内受损，并双向测试中断的光缆。

(2)车辆挂断：处理车挂故障时，应首先对故障点光缆进行双方向测试，确认光缆阻断处数量，然后有针对性地处理。

2. 自然灾害原因造成的线路故障

鼠咬与鸟啄、火灾、洪水、大风、冰冻、雷击、电击等都会造成光缆线路的故障，需要在线路设计施工过程中注意防护。

3. 光纤自身原因造成的线路故障

(1)自然断纤：由于光纤是由玻璃、塑料纤维拉制而成，比较脆弱，随着时间的推移会产生静态疲劳，光纤逐渐老化导致自然断纤；或者接头盒进水，导致光纤损耗增大，甚至发生断纤。

(2)环境温度的影响：温度过低会导致接头盒内进水结冰，光缆护套纵向收缩，对光纤施加压力产生微弯，使衰减增大或光纤中断；温度过高又容易使光缆护套及其他保护材料损坏而影响光纤特性。

4. 人为因素引发的线路故障

(1)工障：技术人员在维修、安装和其他活动中引起的人为故障。例如，在接续光纤时，光纤被划伤或光纤弯曲半径太小；在割接光缆时错误地切断正在运行的光缆；接续光纤时接续不牢，接头盒封装时加强芯固定不紧等造成断纤。

(2)偷盗：犯罪分子盗割光缆，造成光缆阻断。

(3)破坏：人为蓄意破坏，造成光缆阻断。

知识点三　故障处理原则

以优先代通在用系统为目的，以压缩故障历时为根本，不分白天黑夜、不分天气好坏、不分维护界限,用最快的方法临时抢通在用传输系统。

故障处理的总原则是:先抢通,后修复;先核心,后边缘;先本端,后对端;先网内,后网外;分障等级进行处理。当两个以上的故障同时发生时,对重大故障予以优先处理。线路故障未排除之前,查修不得中止。

知识点四　制定线路应急调度预案

制定应急调度方案之前,应对所有光缆线路的系统开放情况进行一次认真摸底,根据同缆、同路由光纤资源情况,合理地制定出光纤抢代通方案。

应急抢代通方案应根据电路开放和纤芯占用情况适时修订、更新,保持方案与实际开放情况的吻合,确保应急预案的可行性。

应急调度预案的内容应包括参与的人员、领导组织、具体的措施和详细的电路调度方案。

知识点五　光缆线路故障修复流程

1. 故障发生后的处理

不同类型的线路故障,处理的侧重点不同。

(1)同路由有光缆可代通的全阻故障。机房值班人员应该在第一时间按照应急预案,用其他良好的光纤代通阻断光纤上的业务,然后再尽快修复故障光纤。

(2)没有光纤可代通的全阻故障,按照应急预案实施抢代通或对故障点进行直接修复,抢代通或直接修复时应遵循“先重要电路、后次要电路”的原则。

(3)光缆出现非全阻,有剩余光纤可用。用空余纤芯或同路由其他光缆代通故障纤芯上的业务。如果故障纤芯较多,空余纤芯不够,又没有其他同路由光缆,可牺牲次要光路代通重要光路,然后采用不中断光路的方法对故障纤芯进行修复。

(4)光缆出现非全阻,无剩余光纤或同路由光缆。如果阻断的光纤开设的是重要光路,应用其他非重要光路光纤代通阻断光纤,用不中断割接的方法对故障纤芯进行紧急修复。

(5)传输质量不稳定,系统时好时坏。如果有可代通的空余纤芯或其他同路由光缆,可将该光纤上的业务调到其他光纤。查明传输质量下降的原因,有针对性地进行处理。

2. 故障定位

如确定是光缆线路故障时,则应迅速判断故障发生在哪个中继段内和故障的具体情况,详细询问网管部门。

3. 抢修准备

线路维护单位接到故障通知后,应迅速将抢修工具、仪表及器材等装车出发,同时通知相关维护线务员到附近地段查找原因、故障点。光缆线路抢修准备时间应按规定执行。

4. 建立通信联络系统

抢修人员到达故障点后,应立即与传输机房建立起通信联络系统。

5. 抢修的组织和指挥

光缆线路故障的抢修由机务部门作为业务领导,在抢修期间密切关注现场的抢修情况,做好配合工作,抢修现场由光缆线路维护单位的领导担任指挥。

在测试故障点的同时,抢修现场应指定专人(一般为光缆线务员)组织开挖人员待命,并安排好后勤服务工作。

6. 光缆线路的抢修

当找到故障点后，一般应使用应急光缆或其他应急措施，首先将主用光纤通道抢通，迅速恢复通信。观察分析现场情况，做好记录，必要时进行拍照，报告公安机关。

7. 业务恢复

现场光缆抢修完毕后，应及时通知机房进行测试，验证可用后，尽快恢复通信。

8. 抢修后的现场处理

在抢修工作结束后，清点工具、器材，整理测试数据，填写有关登记，对现场进行处理，并留守一定数量的人员，保护抢代通现场。

9. 线路资料更新

修复工作结束后，整理测试数据，填写有关表格，及时更新线路资料，总结抢修情况，报告上级主管部门。

光缆线路故障抢修的一般程序如图 3-2-9 所示。

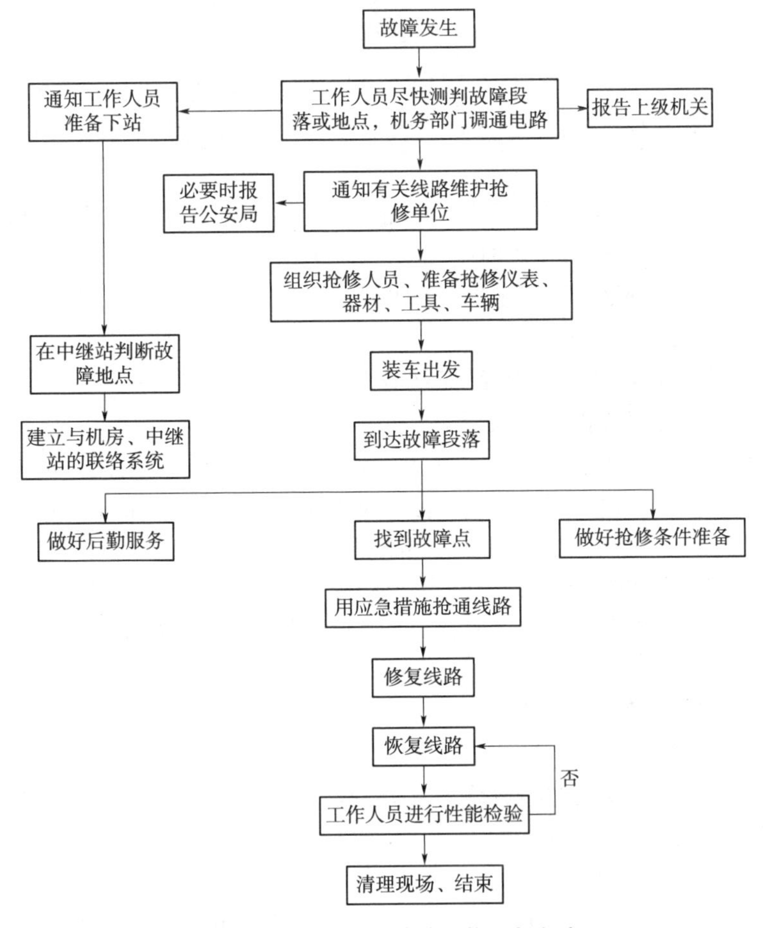

图 3-2-9 光缆线路故障抢修一般程序

知识点六 常见故障现象及分析

1. 距离判断

当机房判定故障是光缆线路故障时，线路维护部门应尽快在机房对故障光缆线路进行测试,用OTDR测试判定线路故障点的位置见表3-2-15。

表3-2-15 OTDR测试判定线路故障点位置

故障现象	故障的可能原因
一根或几根光纤原接续点损耗增大、断纤	原接头盒内发生问题
一根或几根光纤衰减曲线出现台阶	光缆受机械力扭伤,部分光纤受力但未断开
原接续点衰减台阶水平拉长	在原接续点附近出现断纤故障
光纤全部阻断	光缆受外力影响发生中断

2. 可能的原因估计

根据OTDR测试显示曲线情况,初步判断故障原因,有针对性地进行故障处理。

根据故障分析,非外力导致的光缆故障,接头盒内出现问题的情况比较多,导致接头盒内断纤或衰减增大的原因分为以下几种情况:

(1)容纤盘内光纤松动,导致光纤弹起在容纤盘边缘或盘上螺栓处被挤压,严重时会压伤、压断光纤。

(2)接头盒内的余纤在盘放收容时,出现局部弯曲、半径过小或光纤扭纹严重等现象,产生较大的弯曲损耗和静态疲劳,在1 310 nm波长测试变化不明显,而在1 550 nm波长测试其接头损耗显著增大。

(3)制作光纤端面时裸光纤太长,或者热缩套管加热时光纤保护位置不当,造成一部分裸光纤在套管之外,接头盒受外力作用时引起裸光纤断裂。

(4)剥除涂覆层时裸光纤受伤,随着时间增长损伤扩大,接头损耗随着增加,严重时会造成断纤。

(5)接头盒进水,冬季结冰导致光纤损耗增大,甚至发生断纤。

3. 查找光缆线路故障点的具体位置

当遇到自然灾害或外界施工等明显外力造成光缆线路阻断时,查修人员根据测试人员提供的故障现象和大致的故障地段,沿光缆线路路由认真巡查,一般比较容易找到故障地点。如非上述情况,巡查人员不易从路由上的异常现象找到故障地点时,必须根据OTDR测出的故障点到测试端的距离,与原始测试资料进行核对,查出故障点是在哪两个标石(或在哪两个接头)之间,通过必要的换算后,找到故障点的具体位置。如有条件,可以进行双向测试,这样更有利于准确判断故障点的具体位置。

4. 影响光缆线路故障点准确判断的主要原因

(1)OTDR存在固有偏差

OTDR固有偏差主要反映在距离分辨率上,不同的测试距离偏差不同,在150 km测试范围时,测试误差达±40 m。

(2)测试仪表操作不当产生的误差

在光缆故障定位测试时,OTDR使用的正确性与故障测试的准确性直接相关。仪表参数设定不当或游标设置不准等因素,都将导致测试结果发生误差。

(3)计算误差

OTDR测出的故障点距离只能是光纤的长度,不能直接得到光缆的皮长及测试点到故障点的地面距离,必须通过计算才能求得,而在计算中由于取值不可能与实际完全相符,或对所使用光缆的绞缩率不清楚,也会产生一定的误差。

(4)光缆线路竣工资料不准确造成的误差

由于在线路施工中没有注意积累资料或记录的资料准确度较低，都使得线路竣工资料与实际不相符，依据这样的资料，不可能准确地测定出故障点。例如，光缆接续时接头盒内余纤的盘留长度，各种特殊点的光缆盘留长度，以及光缆随地形的起伏变化等，这些因素的准确度直接影响着故障点的定位精度。

5. 提高光缆线路故障定位准确性的方法

(1)正确、熟练掌握仪表的使用方法

准确设置 OTDR 的参数，选择适当的测试范围挡，应用仪表的放大功能，将游标准确地放置于相应的拐点上，如故障点的拐点、光纤始端点和光纤末端拐点，这样就可以得到比较准确的测试结果。

(2)建立准确、完整的原始资料

准确、完整的光缆线路资料是故障测量、判定的基本依据。因此，必须重视线路资料的收集、整理和核对工作，建立起真实、可信和完整的线路资料。

(3)建立准确的线路路由资料

路由资料包括标石(杆号)—纤长(缆长)对照表，光纤长度累计及光纤衰减记录在建立光纤长度累计资料时，应从两端分别测出端站至各接头的距离，为了测试结果准确，测试时可根据情况采用过渡光纤。随工验收人员收集记录各种预留长度，登记越仔细，故障判定的误差就越小。

(4)建立完整、准确的线路资料

建立线路资料不仅包括线路施工中的多种数据、竣工技术文件、图纸、测试记录和中继段光纤后向散射信号曲线图片等，还应保留光缆出厂时厂家提供的光缆及光纤的一些原始数据资料(如光缆的绞缩率、光纤的折射率等)，这些资料是故障测试时的基础和对比依据。

(5)进行正确的换算

要准确判断故障点位置，还必须把测试的光纤长度换算为测试端(或某接头点)至故障点的地面长度。测试端到故障点的地面长度可由下式计算(长度单位为 m)：

$$L=\left[\frac{(L_1-L_2)}{(1+P)}-L_3\right]\times\frac{1}{1+a}$$

式中，L 为测试端至故障点的地面长度，m；L_1 为 OTDR 测出的测试端至故障点的光纤长度，m；L_2 为每个接头盒内盘留的光纤长度，m；L_3 为每个接头处光缆和所有盘留长度，m；P 为光纤在光缆中的绞缩率(即扭绞系数)，最好应用厂家提供的数值，一般为 7‰；a 为光缆自然弯曲率(管道敷设或架空敷设方式可取值 0.5%，直埋敷设方式可取值 0.7%～1%)。

有了准确、完整的原始资料，便可将 OTDR 测出的故障光纤长度与原始资料对比，然后精确查出故障点的位置。

(6)保持故障测试与资料上测试条件的一致性

故障测试时应尽量保持测试仪表的信号、操作方法及仪表参数设置的一致性。因为光学仪表十分精密，如果有差异，就会直接影响到测试的准确度，从而导致两次测试本身的差异，使得测试结果没有可比性。

(7)灵活测试，综合分析

一般情况下，可在光缆线路两端进行双向故障测试，并结合原始资料，计算出故障点的位置。再将两个方向的测试和计算结果进行综合分析、比较，以使对故障点具体位置的判断更加准确。当故障点附近路由上没有明显特点，具体故障点现场无法确定时，也可采用在就近接头处测量等方法，或者在初步测试的故障点处开挖，端站的测试仪表处于实时测量状态，即可随时发现曲线的变化，从而找到准确的光纤故障点。

知识点七　光缆故障判断和处理时应该注意的事项

1. 故障查修时需要注意的事项

(1)当省界或两维护单位交界处的长途光缆线路发生故障时，相邻的两个维护单位应同时出查，进行抢修。

(2)各级光缆线路维护单位应准确掌握所属光缆线路资料，熟练掌握光缆线路故障点的测试方法能准确地分析确定故障点的位置，保持一定的抢修力量并熟练掌握线路抢修作业程序和抢代通器材的使用。

(3)光缆维护人员应熟悉光缆线路资料，熟练掌握线路抢修作业程序、故障测试方法和光缆接续技术，加强抢修车辆管理，随时做好抢修准备。

(4)抢修用专用器材、工具、仪表、机具以及交通车辆，必须相对集中，并列出清单，随时做好准备，一般不得外借和挪用。

2. 处理过程中需要注意的事项

(1)在抢修光缆线路的过程中，应注意仪表、器材的操作使用安全；在进行光纤故障测试前，应将被测光纤与对端的光端机断开物理连接。

(2)故障一旦被排除并经严格测试合格后，立即通知工作人员对光缆的传输质量进行验证，尽快恢复通信。

(3)认真做好故障查修记录。故障排除后，线路维护部门应按照相关规定及时组织相关人员对故障的原因进行分析，整理技术资料并上报。总结经验教训，提出改进措施。

(4)在介入或更换光缆时，应采用与故障光缆同一厂家、同一型号的光缆，并要尽可能减少光缆接头和光纤接续损耗。处理故障中所介入或更换的光缆，其长度一般应不小于200 m，单模光纤的平均接头损耗应不大于0.2 dB个。故障处理后和迁改后光缆的弯曲半径应不小于15倍缆径。

【任务实施】

按照本组分析、讨论、归纳的结果生成任务报告单。

任务报告单

实施人员信息			
姓名		学号	
组别		组内承担任务	
序号	任务名称	任务报告	
1	判断光缆线路故障情况	光缆全断情况描述： 部分束管中断情况描述： 单束管中的部分光纤中断：	

续上表

序号	任务名称	任务报告
2	查找光缆线路故障原因	如何判断为外力因素导致： 如何判断为光纤自身缺陷因素导致： 如何判断为人为因素导致：
3	光缆线路故障修复	修复流程：

【任务考核】

1. 提高光缆线路故障定位准确性的方法有哪些？
2. 简述光缆线路故障抢修的基本流程。

【考核评价】

<table>
<tr><th colspan="4">总结评价（学生完成）</th></tr>
<tr><td colspan="4">任务总结</td></tr>
<tr><th colspan="4">任务实施情况</th></tr>
<tr><td colspan="4">1.各小组介绍工作流程步骤，并演示操作过程、展示任务成果。
2.参照通信工程项目作业程序、国家标准对整个任务实施过程、结果进行自评和互评</td></tr>
<tr><td>学生自评（A/B/C）</td><td>组内互评（A/B/C）</td><td>小组评价（A/B/C）</td><td>总等级（A/B/C）</td></tr>
<tr><td></td><td></td><td></td><td></td></tr>
<tr><td colspan="4">注：A 优秀，B 合格，C 不合格</td></tr>
</table>

<table>
<tr><th colspan="6">考核评价表（教师完成）</th></tr>
<tr><th>学号</th><td></td><th>姓名</th><td></td><th>考核日期</th><td></td></tr>
<tr><th>任务名称</th><td colspan="3">光缆线路故障处理</td><th>总等级</th><td></td></tr>
<tr><th>任务考核项</th><th>考核等级</th><th colspan="3">考核点</th><th>等级</th></tr>
<tr><td>素养评价</td><td>A/B/C</td><td colspan="3">A：能够完整、清晰、准确地回答任务考核问题。
B：能够基本回答任务考核问题。
C：基础知识掌握差，任务理解不清楚，任务考核问题回答不完整</td><td></td></tr>
</table>

续上表

任务考核项	考核等级	考核点	等级
知识评价	A/B/C	A:熟悉任务的实施步骤,独立完成任务,有能力辅助其他同学完成规定的工作任务,实施快速,准确率高。 B:基本掌握各个环节实施步骤,有问题能够主动请教其他同学,基本完成规定的工作任务,准确率较高。 C:未完成任务或只完成了部分任务,有问题没有积极向其他同学请教,工作实施拖拉、不积极,各个部分的准确率差	
能力评价	A/B/C	A:不迟到、不早退,对人有礼貌,善于帮助他人,积极主动完成规定工作任务,笔记完整整洁,回答老师提问完全正确。 B:不迟到、不早退,在教师督导和他人辅导下,能够完成规定工作任务,回答老师提问较准确。 C:未完成任务或只完成了部分任务,有问题没有积极向其他同学请教,工作实施拖拉、不积极,不能准确回答老师提出的问题	

参考文献

[1] 孙青华.光电缆线务工程:下[M].北京:人民邮电出版社,2016.
[2] 管明祥.通信线路施工与维护[M].北京:人民邮电出版社,2014.
[3] 曾庆珠.线务工程[M].北京:北京理工大学出版社,2015.
[4] 中国国家铁路集团有限公司工电部.铁路通信承载网[M].北京:中国铁道出版社有限公司,2022.